Strandfunde

Sammeln & Bestimmen
von Pflanzen und Tieren
im Spülsaum an der
Nord- und Ostseeküste

vo

Frank Rudolph

Wachholtz Verlag

2010

ISBN 978-3-529-05413-6

4. Auflage 2010

Inhaltsverzeichnis

Ein Wort vorweg

Die frische Luft, die Weite des Meeres und die Schönheit der Natur locken Strandwanderer besonders in den Sommermonaten scharenweise an die Küste von Nord- und Ostsee. Aber auch die unbändige Gewalt der Stürme in der kalten Jahreszeit übt einen besonderen Reiz auf jeden Naturliebhaber aus. Manch einer lässt den Blick in die Ferne schweifen, beobachtet die vorüberziehenden Wolken und die weißen Segel am Horizont. Andere hingegen laufen am Spülsaum entlang und betrachten die Dinge, die die Wellen an den Strand geworfen haben. Die Hoffnung, einen Bernstein zu finden, lädt zu stundenlangen Spaziergängen ein. Der Blick nach unten offenbart dabei aber auch Zeugen einer überaus reichen Fauna und Flora. Die Vielzahl der angespülten Algen-Arten ist überraschend groß. Farbenfrohe Muscheln wandern als Dekorations-Objekte für das heimische Badezimmer oder die Vitrine im Wohnzimmerschrank in die Jackentasche. Plötzlich keimen Bastelideen auf, denn aus den leeren Muschelschalen lassen sich kleine Kerzen herstellen. Die Kinder sammeln Schalen mit einem kleinen Loch im Wirbel oder abgerollte Schneckenhäuser, um daraus wertvolle Schmuckobjekte zu gestalten. Interessiert betrachtet man die leeren Krebspanzer und die mächtigen Scheren und freut sich, dass man diesen Kameraden nicht im Wasser begegnet ist. Um die glibberigen Quallen macht man lieber einen weiten Bogen. Und mit der Zeit wächst das Bedürfnis, mehr über die Bewohner des nassen Elementes zu erfahren. Wie und wo leben die Tiere und Pflanzen, die nun vor unseren Füßen liegen? Wie kann man sie erkennen und bestimmen?
Hier soll das vorliegende Buch Hilfestellung geben. Es zeigt Pflanzen und Tiere, denen man bei Strandwanderungen am Spülsaum, an der Steilküste oder im Wattenmeer begegnet. Die Fotos bilden dabei Fundstücke so ab, wie sie am Strand aufgesammelt werden können. Und ein paar wissenswerte Dinge über Strandkrabbe, Schlickkrebs und Bohrmuschel ergänzen Hinweise zur Bestimmung der Funde. Kennen Sie das „singende Watt", wenn Millionen von kleinen Krebschen in lauen Sommernächten mit ihren Antennen den Schlick nach Nahrhaftem durchkämmen? Wussten Sie, dass der „Schiffsbohrwurm" in Wirklichkeit eine Muschel ist und das Wrack der 'Wasa' vor Stockholm nicht angegriffen wird, weil der Salzgehalt für diese Tiere hier zu gering ist. Und so gibt es manche Geschichte zu erzählen, die die „toten" Strandfunde mit Leben füllen können.
Dem Touristen, Strandurlauber und dem an der Natur interessierten Laien, dem Lehrer, Schüler und Liebhaber von Nord- und Ostsee möge dieses Buch eine Hilfe bei der Bestimmung eigener Funde sein und vielleicht auch einige interessante oder neue Informationen über die heimische marine Fauna und Flora vermitteln.

Einführung

Für das Buch wurden solche Objekte ausgewählt, die am Spülsaum von Nord- und Ostsee, an der Steilküste oder im Wattenmeer aufgesammelt werden können. In der Regel handelt es sich dabei um die Überreste abgestorbener Tiere und Pflanzen. Abgesehen von einigen Petrijüngern wird kaum jemand einen lebenden Dorsch zu Gesicht bekommen. Schuppen oder Skelettelemente hingegen sind häufige Funde im Spülsaum. Nur wer tiefe Löcher in den Schlick gräbt, wird einen Wattwurm finden, seine Kothäufchen aber kennt jeder. Das Buch legt also solche Funde zugrunde, die man ohne Taucherausrüstung, Kescher, Spaten oder spezielle Fangtechnik sammeln kann. Und doch erzählen die leere Muschelschale, der Krebspanzer oder eine Spur im feuchten Sand viel über das einstige Leben der Organismen. Aus der Größe einer Mantelbucht bei Muschelschalen kann der Kenner darauf schließen, wie tief das Tier im Sediment lebt. Weist die Muschelschale ein kleines, kreisrundes Loch auf, so ist das Tier Opfer einer Raubschnecke geworden. Und über die Berippung einer Schale kann man auf die Grabtätigkeit der lebenden Muschel schließen.
Ein **Foto** zeigt die Funde so, wie sie am Strand gemacht werden können. Bei der **Größe** werden Maximalwerte angeführt, die eigenen Funde bleiben zumeist kleiner. Unter **Wissenswertes** werden typische Merkmale für die Bestimmung von Pflanzen und Tieren genannt. Wo nötig werden Unterscheidungskriterien zu ähnlichen Arten aufgezeigt. Ergänzend werden Lebensraum und Lebensweise von Pflanzen und Tieren vorgestellt. Die Angaben zur **Häufigkeit** sind relativ. An einigen Küsten Nord-Jütlands können die nordische Purpurschnecke (S. 102) oder der Pelikanfuß (S. 96) relativ häufig vor. Nach Stürmen kann man hier angespülte Entenmuscheln (S. 120) finden. Derartige Funde sind an anderen Stränden sehr selten. Muscheln sind an der Westküste Jütlands sehr viel seltener als im Wattenmeer. Blasentang, Miesmuscheln und Strandschnecken sind an der Ostseeküste sehr häufig. Die Ostasiatische Seescheide (S. 132) ist an den südwestlichen Stränden des Limfjordes häufig zu finden, man wird sie andernorts meist vergeblich suchen. An Steinstränden der Ostsee kann man hervorragend Flohkrebse beobachten. Der Lebensraum einer Art, die Strömungsverhältnisse, Küstenformen und auch die Jahreszeit spiegeln sich in der Häufigkeit der Funde wider. Einige Algen-Arten wie die Zottige Meersaite (S. 26) findet man nur im Frühjahr. Quallen trifft man hingegen erst im Spätsommer an. Wenn man weiß, wo und wie eine Art lebt, kann man gezielt nach ihr suchen und wird sie in der Regel auch finden. Die Fundhäufigkeit einer Art ist somit auch abhänging von der Kenntnis ihrer Biologie. Auf kleinen **Karten** ist das geographische Vorkommen der beschriebenen Spezies dunkelblau eingefärbt. Die gezeigten Verbreitungsgrenzen dürfen jedoch nicht als absolut angesehen werden. Wenn für eine Art als östliche Verbreitungsgrenze „westliche Ostsee“ angegeben ist und die Karte bei Rügen eine Linie zeichnet, so kann die Art durchaus noch im Greifswalder Bodden vorkommen oder sie reicht eben nur bis Fehmarn. Durch Strömungen können organische Überreste zudem über weite Strecken verdriftet werden. Funde sind also auch fernab des eigentlichen Lebensraumes möglich. In einem **Glossar** (S. 164) werden die wichtigsten Fachbgriffe erläutert.

Eine kleine Meereskunde der Nordsee

Vor rund 50.000 - 70.000 Jahren, zum Höhepunkt der letzen Eiszeit, bedeckten gewaltige Gletscher Nordeuropa. Der skandinavische Schild war von bis zu 3.000 Meter mächtigen Inlandeismassen bedeckt. Rund 70.000.000 Kubikkilometer Wasser, so die Schätzungen, waren weltweit in weichseleiszeitlichen Gletschern gebunden - etwa dreimal so viel wie heute. Die Folge: der Meeresspiegel lag rund 80 - 100 Meter unter dem heutigen Niveau. Die Nordsee war ausgetrocknet, der Weg nach England frei. Als sich die nordischen Gletscher vor etwa 14.000 Jahren zurückzogen, drang das Schmelzwasser in das Nordseebecken ein. In den folgenden 5.000 Jahren stieg der Meeresspiegel um 50 Meter an. Vor 9.000 Jahren erstreckte sich die Küstenlinie von der Humbermündung an der Ostküste Mittelenglands bis nach Eiderstedt. Ein weiterer Anstieg des Wasserspiegels machte aus der Doggerbank vor der englischen Küste eine Insel. Hier fanden zahlreiche Tiere Zuflucht, konnten aber der fortschreitenden Überflutung ihres Lebensraumes nicht entkommen. Schleppnetz-Fischer fördern noch heute aus 13 - 16 Metern Tiefe zahlreiche Knochen von Mammut, Hirsch, Rind, Pferd und anderen eiszeitlichen und nacheiszeitlichen Großsäugern zutage. Vor 5.000 Jahren lag der Meeresspiegel noch 10 Meter unter dem heutigen Niveau. Schließlich wurde mehr Sediment eingetragen, als durch eindringendes Wasser ausgeglichen werden konnte. Der Meeresboden fällt nur um wenige Zentimeter pro Kilometer ab. Auf diesen weiten Flächen konnten sich die feinen Sand- und Tonpartikel ablagern. Vor rund 4.000 Jahren ist somit der Beginn in der Entstehung des Wattenmeeres gelegt. Heute ist die Fläche zwischen dem Ijsselmeer in den Niederlanden bis zur Fanøbucht in Dänemark das größte Wattengebiet der Erde. Ebbe und Flut und damit das regelmäßige Trockenfallen weiter Meeresgebiete charakterisieren einen Lebensraum der Extreme. Und dennoch leben im Wattenmeer rund 4.000 Tier- und Pflanzen-Arten. Viele davon sind endemisch, d. h. sie kommen nur in diesem Ökosystem vor.

Die Nordsee ist ein flaches Schelfmeer. Sie hat eine durchschnittliche Wassertiefe von 40 Metern, die aber im Norden auf mehr als 200 Meter absinken kann. Im Skagerrak wurde sogar eine Tiefe von 700 Metern festgestellt.

Geologisch gesehen ist die Nordsee schon 180 Millionen Jahre alt. In dieser Zeit war der Nordseeraum regelmäßig vom Meer überflutet, ist aber genauso häufig auch landfest gewesen.

Der Salzgehalt in der Nordsee beträgt 30 - 34 Promille. Der Wassereinstrom aus dem Atlantik erfolgt in der Haupsache von Norden her; aber auch über den Ärmelkanal erreicht frisches Wasser die Nordsee. Durch Sonneneinstrahlung entsteht in den Sommermonaten in 30 - 40 Metern Wassertiefe eine Sprungschicht, die das warme Oberflächenwasser von dem kühleren Tiefenwasser trennt und eine Durchmischung verhindert. Erst im Herbst sinkt das nähr- und sauerstoffreiche Oberflächenwasser ab.

Grundlagen

Eine kleine Meereskunde der Ostsee

Der vorrückende Gletscher der Weichsel-Eiszeit erreichte vor etwa 25.000 Jahren Schleswig-Holstein. Als diese Gletscher vor etwa 14.000 Jahren abzutauen begannen, füllte sich das heutige Ostseegebiet zwischen den Moränen im Süden und dem Eispanzer im Norden mit Schmelzwasser. Das entstandene Becken wird als Baltischer Eisstausee bezeichnet. Vor etwa 10.000 Jahren zog sich das Eis bis nach Mittelschweden zurück. Durch den ansteigenden Meeresspiegel brach Salzwasser über den Skagerrak auf breiter Front ein. Auch zum Weißen Meer im Norden bestand eine schmale Verbindung. Als Leitform dieses brackig-salzigen Gewässers dient die Muschel *Portlandia arctica*, früher als *Yoldia* bekannt. Dieses *Yoldia*-Meer hatte bis etwa 9250 vor der heutigen Zeit Bestand. In diesen 750 Jahren hat sich das von der Last des Eises befreite Land so weit gehoben, dass sich die Verbindung zum Ozean wieder schloss. Für rund 2000 Jahre war die heutige Ostsee dann wieder süß und wird nach dem Vorkommen einer Schnecke als *Ancylus*-See bezeichnet. Der Baltische Schild hob sich weiter und große Flüsse trugen aus dem Süden große Wassermassen in das Becken ein. Dies führte vor rund 7.000 Jahren zur Überflutung der Beltsee im Westen und zum Eindringen von salzigem Nordseewasser. Es entstand das bis heute größte Brackwassermeer der Erde. Dieses Stadium wird als *Littorina*-Meer bezeichnet. Vor 4.000 Jahren setzte eine leichte Aussüßung ein, die Schnecke *Limnea ovata* hielt Einzug (*Limnea*-Meer). Seit 1500 Jahren breitet sich die Sandklaffmuschel in der Ostsee aus, man spricht seitdem vom *Mya*-Meer.
Die Ostsee hat heute einen durchschnittlichen Salzgehalt von 15 - 25 Promille im südwestlichen Oberflächenwasser. In der mittleren Ostsee beträgt er noch 6 - 8 Promille, im Finnischen und Bottnischen Meerbusen kann der Salzgehalt auf unter 2 Promille sinken. Die durchschnittliche Wassertiefe liegt bei 52 Meter. Die mit 459 Metern tiefste Stelle befindet sich zwischen Gotland und Stockholm. In dieser Tiefe findet auch bei Sturm kein Wasseraustausch mehr statt.

Typisch für die Ostsee sind stabile Sprungschichten. Im Winter liegt eine etwa 60 Meter mächtige, kalte und salzarme Wasserschicht über dem wärmeren und salzreicheren Tiefenwasser. Im Sommer entsteht durch Erwärmung in 20 - 30 Metern Wassertiefe eine weitere Sprungschicht, während die darunter liegende Zwischenschicht die winterlichen Temperaturen hält.

Vor allem das Brackwasser ist für die artenarme Fauna verantwortlich. Die meisten Organismen sind aus der Nordsee eingewandert, ihre Zahl nimmt mit sinkendem Salzgehalt nach Osten und Norden deutlich ab.

Der Spülsaum

Der Spülsaum markiert den höchsten Wasserstand der letzten Flut bzw. die Linie, bis zu der die Wellen gelaufen sind. Man bezeichnet ihn auch als Flutsaum. Hier wird alles das zusammengeschwemmt, was im Meer treibt. Leider sind dies an einigen Stränden eine Unmenge von leeren Flaschen, Schuhe, Gemüse-zwiebeln, zerrissene Netze, alte Seilschaften, durchlöcherte Fischkisten und weitere ausgesonderte Bestandteile der Wohlstandsgesellschaft. Besonders nach Stürmen werden vor allem große Algenteppiche angelandet, die die Wellen vom Untergrund losgerissen haben. An anderen Stränden überwiegen lose Muschelschalen oder Schneckengehäuse, die aus dem Sand ausgespült wurden. Der Spülsaum offenbart immer das, was vor der Küste lebt. Aber nicht ausschließlich, denn Reste von Pflanzen oder Tieren können vom Meer über weite Strecken transportiert werden, besonders wenn diese Schwimmkörper besitzen. Entenmuscheln heften sich an Treibholz an. Es sind Hochseebewohner, die nur selten nach auflandigen Winden zusammen mit ihrem Floß an den Strand geworfen werden. Der Schulp vom Gemeinen Tintenfisch ist von Natur aus so leicht, dass er aufschwimmt und häufig im Spülsaum anzutreffen ist. Je nach Jahreszeit kann man unterschiedliche Tiere und Pflanzen im Angespül (so der Fachbegriff) finden. Im Frühjahr und Sommer häuten sich die Krebse, ihre leichten Häutungsreste liegen massenhaft im Spülsaum. Im Spätsommer, wenn ihre Entwicklung abgeschlossen ist, findet man oft massenhaft Quallen, die vom Wind in den engen Förden zusammengetrieben werden. Zu den seltenen Funden im Angespül gehören höhere Wirbeltiere wie Schweinswal oder Seehund.

Ein frischer Spülsaum ist wie eine Schatzkammer. Man läuft mit dem zurück -weichenden Wasser am Flutsaum entlang und staunt über die Vielfalt der angelandeten Organismen. Auch am selben Strand wird man immer unterschiedliche Fundstücke bergen können. Einmal sind es leere Seeigelgehäuse, ein anderes Mal Sepia-Schalen oder hunderte von kleinen Seestachelbeeren, die dem Strandwanderer zu Füßen liegen.

Schon bald wird man Tüten oder Eimer mitnehmen, denn die frische Luft ist nicht mehr der einzige Grund für den Strandspaziergang. Es gibt sicher Muschel- oder Schnecken-Arten, die man noch nicht in der Sammlung hat. Der Wind kam heute aus einer anderen Richtung, vielleicht gehört diesmal ein besonderer Krebs zur Ausbeute. Die zahlreichen schwarzen Holzstückchen zwischen den Wellenrippeln lassen auf kleine Bernsteinstücke hoffen. Ein bislang ungekannter Sammeleifer setzt ein.

Zu Hause werden die Funde geordnet und bestimmt. Am wertvollsten sind die Sammlungen, die man über Jahre an einem kleinen Küstenabschnitt zusammengetragen hat. Solche Kollektionen dokumentieren die Fauna und Flora, aber auch deren Veränderungen im jahreszeitlichen Rhythmus oder während des vergangenen Jahrzehnts am besten.

Blasentang: *Fucus vesiculosus*

Größe: bis 100 cm.
Verbreitung: Atlantik, Nordsee, Ostsee.
Wissenswertes: Blasentang ist wohl die bekannteste Tang-Art der Nord- und Ostsee. Namengebend sind gasgefüllte Schwimmblasen, die sich meist paarig angeordnet an der Basis einer Verzweigung des Thallus finden (siehe im Bild oben links). Die Ränder des Thallus (= Vegetationskörper der Algen) sind glattrandig. Seine Farbe variiert zwischen olivgrün und gelbbraun. Trockene Tange verfärben sich tiefschwarz. Die verdickten Sprossspitzen nennt man Rezeptakel (siehe kleines Foto), sie enthalten die männlichen und weiblichen Fortpflanzungszellen. Blasentang ist mit einer Haftscheibe an harten Untergründen wie Steinen, aber auch an Muschelbänken verankert.
Häufigkeit: sehr häufig.

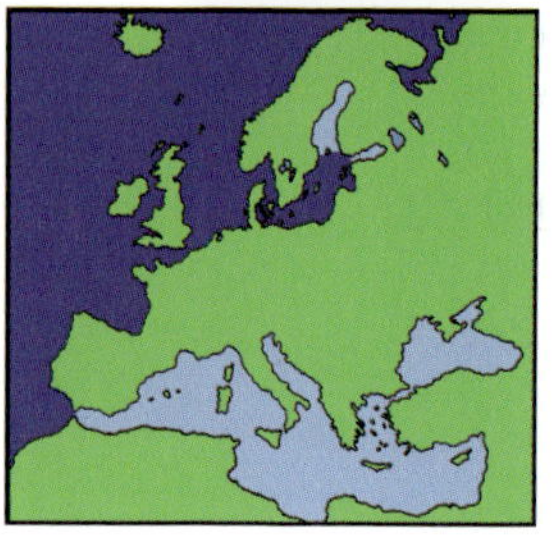

Sägetang: *Fucus serratus*

Größe: bis 100 cm.
Verbreitung: Atlantik, Nordsee, westliche Ostsee.
Wissenswertes: Sicheres Bestimmungsmerkmal für den Sägetang ist der sägeartig scharf gezahnte Rand des Thallus (siehe Foto rechts). Der Thallus verzweigt sich mehrfach, Schwimmblasen sind nicht vorhanden. Die Rezeptakeln sind bis 5 cm lang, flach und pustuliert. Die Pflanze ist zweihäusig, d. h. es gibt männliche und weibliche Exemplare. Sägetang verträgt nur kurzes Trockenfallen. Wie der Blasentang ist er mit einer Haftscheibe auf Steinen und anderen Hartgründen aufgewachsen.
Häufigkeit: sehr häufig.

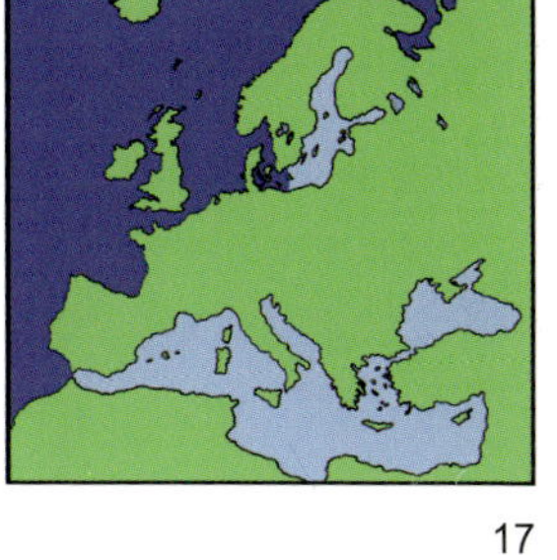

Spiraltang: *Fucus spiralis*

Größe: bis 40 cm.
Verbreitung: Atlantik, Nordsee bis zum Großen Belt.
Wissenswertes: Spiraltang ist etwas kleiner als Blasen- oder Sägetang. Der Thallus ist mehrfach gabelig verzweigt, die Enden sind spiralig gedreht. Die Rezeptakeln sind klein, rundlich, oftmals auffallend gelb-orange gefärbt. Sie tragen einen schmalen Kragen. Die Pflanze ist einhäusig. Als Schutz gegen Austrocknung produziert der Spiraltang Schleim, kann somit ein Trockenfallen längere Zeit überstehen. Auch der Spiraltang wächst auf Steinen und anderen Hartgründen in der oberen Gezeitenzone.
Häufigkeit: regelmäßig zu finden.

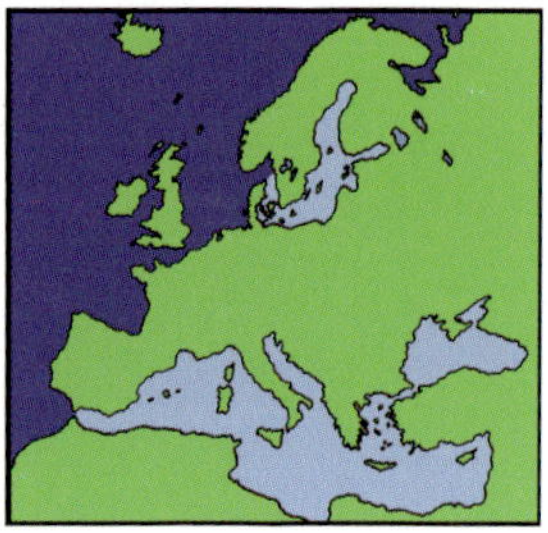

Knotentang: *Ascophyllum nodosum*

Größe: bis > 150 cm.
Verbreitung: Atlantik, Nordsee.
Wissenswertes: Der olivgrüne bis gelbe Knotentang gehört zu den auffälligsten Tangen der Nordsee. Die Sprosse sind schmal, verzweigen sich mehrfach und unregelmäßig. Eine Mittelrippe ist nicht vorhanden. In regelmäßigen Abständen besitzt der Knotentang sehr charakteristische, längsovale Schwimmblasen. Die erste entwickelt sich im Alter von zwei Jahren, danach wird in der Hauptachse des Sprosses eine pro Jahr gebildet. Somit kann man bei angespülten Thalli auf das Alter der Pflanzen schließen. Neben den Schwimmblasen trägt der Thallus viele kleine, gestielte Rezeptakeln.
Häufigkeit: regelmäßig zu finden.

Beerentang: *Sargassum muticum*

Größe: bis > 300 cm.
Verbreitung: Atlantik, Nordsee.
Wissenswertes: Der lange Thallus besteht aus einer langen und dünnen Hauptachse, von dieser zweigen vielfach gegabelte Nebenäste ab. Die äußeren Sprossspitzen tragen kleine „Scheinblättchen" und sehr viele, 2-3 mm große Schwimmbläschen, die dem Tang seinen Namen gegeben haben.
Beerentang stammt ursprünglich aus der japanischen See, gelangte in den vierziger Jahren an die amerikanische Pazifikküste und hat sich von dort bis nach Schweden und an den dänischen Limfjord ausgebreitet, wo er erstmals in den achtziger Jahren festgestellt wurde.
Häufigkeit: regelmäßig zu finden.

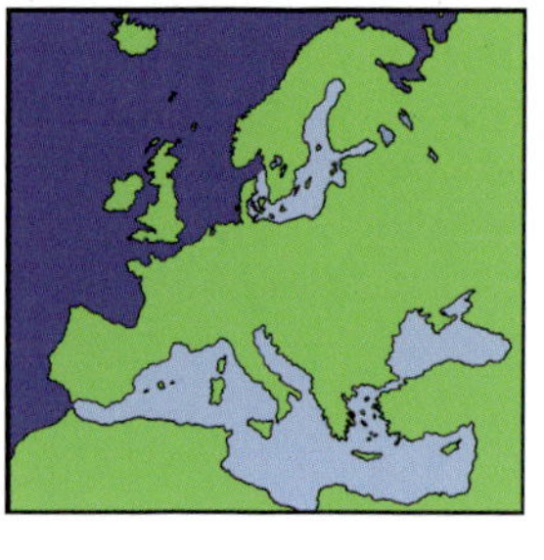

Zuckertang: *Laminaria saccharina*

Größe: bis > 400 cm.
Verbreitung: Atlantik, Nordsee, westliche Ostsee.
Wissenswertes: Zuckertang ist eine der größten einheimischen Braunalgen-Arten. Er besitzt ungeteilte, bis 30 cm breite und mehrere Meter lange, lederartige Thalli von gelb- bis dunkelbrauner Farbe. Der Rand ist gewellt, die Wurzel mehrfach gegabelt. Angespülte Thalli stammen meist von jungen Exemplaren, sind deutlich kleiner und zarter im Aufbau.
Zuckertang bildet große „Wälder" auf dem Meeresgrund. Er wird in manchen Gegenden gegessen oder zumindest zu Viehfutter verarbeitet. Die enthaltene Zuckerart 'Mannit' gab dem Zuckertang seinen Namen. Er wird u. a. in der Pharma-Industrie genutzt.
Häufigkeit: häufig.

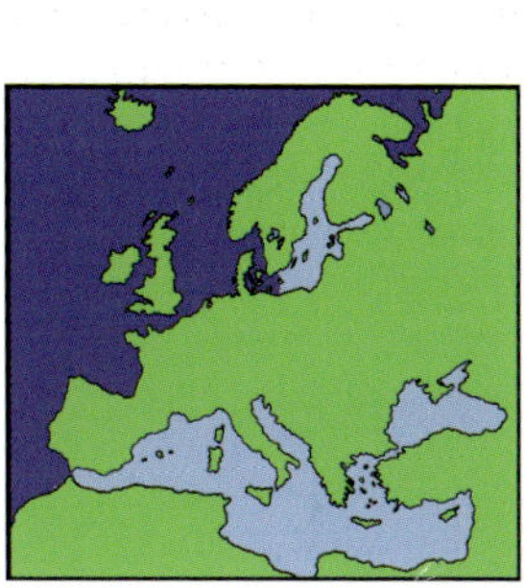

Algen: Braunalgen

Fingertang: *Laminaria digitata*

Größe: bis 300 cm.
Verbreitung: Atlantik, Nordsee, westliche Ostsee.
Wissenswertes: Eine leicht kenntliche Braunalgen-Art. Der Stiel ist besonders im oberen Bereich deutlich abgeflacht. Die Basis des Thallus ist ganzrandig, am Rand leicht gewellt. Der weitaus größte Teil des Blattes ist längs geschlitzt, so dass fingerartige, schmale bis bandartige Fortsätze entstehen. Der Thallus ist derb, lederartig, bei lebenden Pflanzen schleimig. Die Wurzel ist mehrfach verzweigt. Der Fingertang bildet auf Hartgründen teils dichte Bestände.
Der ähnliche Palmentang *Laminaria hyperborea* besitzt eine herzförmige, nicht gewellte Blattbasis, ist im Vergleich breiter, der Stiel ist über die ganze Länge drehrund. Wird der Stiel mit einem Messer geritzt, so sondert er gallertartige Tropfen ab.
Häufigkeit: im Spülsaum selten.

Tang-Wurzel: *Laminaria* sp.

Größe: bis 400 cm.
Verbreitung: Atlantik, Nordsee, westliche Ostsee.
Wissenswertes: Im Skagerrak wird die Pflanze bis 3 Meter hoch, bei höherem Salzgehalt sogar noch größer. Braunalgen-Tange bilden unter Wasser dichte Wälder. Der Stiel ist etwa fingerdick, kann aber über 5 cm Durchmesser erreichen. Viele *Laminaria*-Arten (u. a. *Laminaria digitata*) werden gegessen, vor allem in der asiatischen Kücher verwendet („Kombu"). Die Pflanzen sind Jod- und Eiweißhaltig. Wirtschaftliche Bedeutung haben sie in der Pharma-Industrie.
Häufigkeit: im Spülsaum selten.

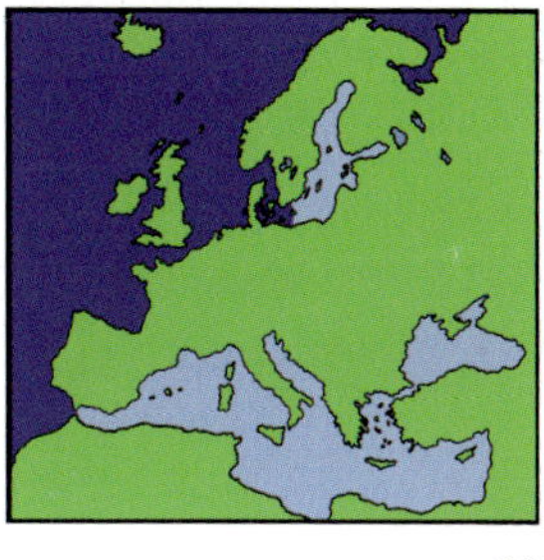

Zottige Meersaite: *Halosiphon tomentosum*

Größe: bis >100 cm.
Verbreitung: Atlantik, Nordsee, mittlere Ostsee.
Wissenswertes: Der Thallus der Meersaite besitzt einen runden Querschnitt, ist max. 3 - 4 mm dick und kann über einen Meter lang werden. Er ist unverzweigt, dunkelbraun und über die gesamte Länge mit kleinen, hellbraunen Härchen besetzt, die der Pflanze einen seidigen Glanz verleihen.
Die Zottige Meersaite wird manchmal auch als Rauer Winterstrang bezeichnet. Man trifft sie nur im Frühjahr bis zum Beginn des Sommers an. Sie wird manchmal in größeren Mengen angespült. Die Glatte Meersaite (*Chorda filum*) besitzt keine Haare auf dem Thallus, wird bis zu vier Meter lang. Der Thallus ist hohl.
Häufigkeit: regelmäßig zu finden.

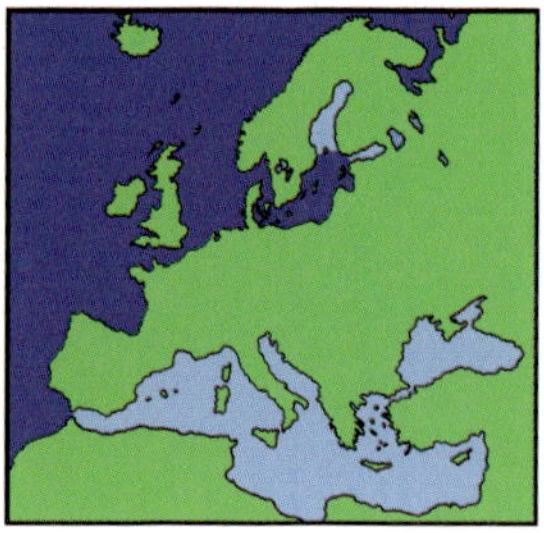

Borstenhaar: *Chaetomorpha linum*

Größe: bis > 200 cm.
Verbreitung: Atlantik, Nordsee, mittlere Ostsee.
Wissenswertes: Die Alge besteht aus meterlangen, hauchdünnen, unverzweigten und deutlich krausen Fäden, die filzartig miteinander verflochten sind. Normalerweise sind mehrere Algenfäden über eine gemeinsame basale Haftscheibe am Untergrund angeheftet. Losgerissene Algenbüschel treiben in größeren Matten an der Wasseroberfläche, werden regelmäßig an den Strand geworfen. Wer genau hinsieht, kann bei ausreichendem Licht und mit einer Lupe bewaffnet die großen Zellen des Algenfadens erkennen.
Häufigkeit: häufig.

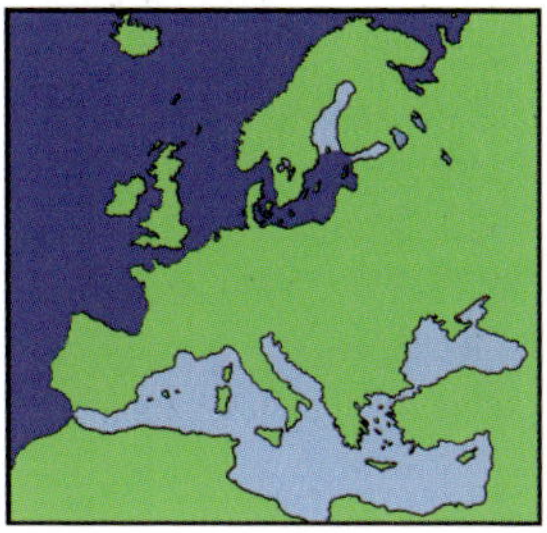

Meersalat: *Ulva lactuca*

Größe: bis 100 cm.
Verbreitung: Mittelmeer, Atlantik, Nordsee, westliche Ostsee.
Wissenswertes: Seinen Namen verdankt der Meersalat zum einen den zartgrünen, breiten Blättern, die an Kopfsalat erinnern, zum anderen ist er ebenfalls essbar, steht in Schottland, Frankreich und Skandinavien auf dem Speisezettel. Der Thallus ist sehr breit, hauchdünn (er besteht nur aus zwei Zellschichten) und am Rand rüschenartig gewellt. Aufgrund seiner Dünnwandigkeit zereißt er schnell. Der Stiel, mit dem er an Steinen oder felsigem Untergrund verankert ist, ist kurz.
Grünalgen sind an flaches Wasser gebunden, deswegen lebt der Meersalat von der Niedrigwasserline an bis in Tiefen von kaum mehr als zehn Metern. Losgerissene Thalli bleiben lebensfähig, treiben oft lange Zeit im flachen Wasser, bis sie an den Strand gespült werden und dort schnell verklumpen.
Häufigkeit: sehr häufig.

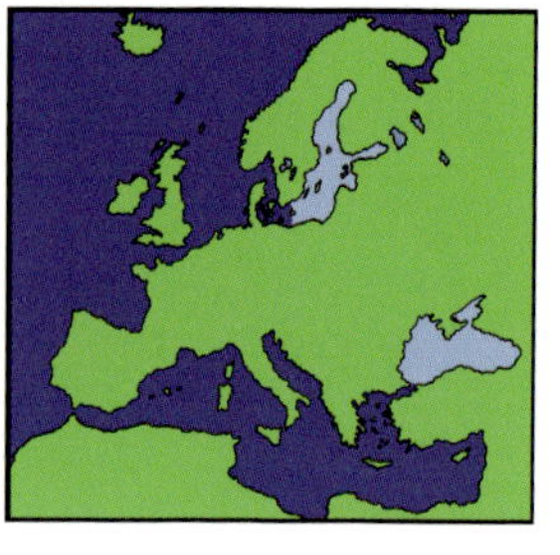

Darmtang: *Enteromorpha* sp.

Größe: bis 50 cm.
Verbreitung: Mittelmeer, Atlantik, Nordsee, mittlere Ostsee.
Wissenswertes: Die Gattung *Enteromorpha* umfasst zahlreiche, schwer zu unterscheidende Arten, die in ihrer Gesamtheit die häufigste einheimische Grünalgen-Gruppe bilden. Der Thallus ist lang, schmal, bandförmig und nur bei wenigen Arten sporadisch verzweigt. Im Grundbauplan ist er röhrenförmig, besteht nur aus einer Zelllage, ist zumeist aber flachgedrückt.
Darmtang liebt nährstoffreiches Wasser, besiedelt Steine, Pfähle, Molen und andere Hartgründe von der Gezeitenzone an abwärts.
Die häufigsten Arten sind der Flache Darmtang (*E. compressa*), der Gemeine Darmtang (*E. interstinalis*) und der Gewellte Darmtang (*E. linza*).
Häufigkeit: sehr häufig.

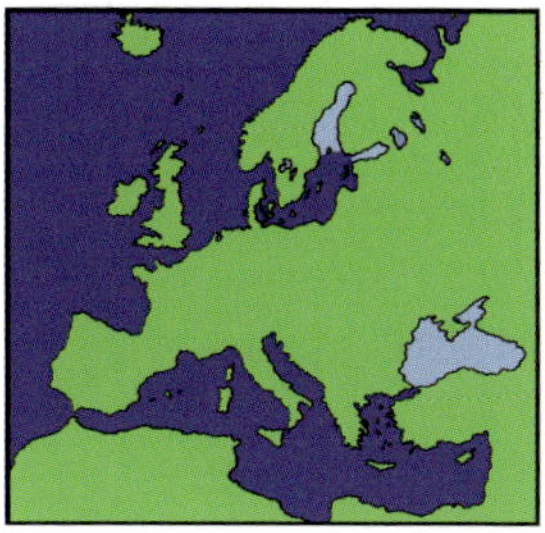

Zerbrechliche Gabelalge: *Codium fragile*

Größe: bis 30 cm, selten größer.
Verbreitung: Atlantik, Nordsee.
Wissenswertes: Der dunkelgrüne Thallus verzweigt sich regelmäßig („dichotom“). Die Äste sind rund, messen wenige Millimeter im Durchmesser. Sie sind fest, schaumstoffartig elastisch und vertragen größere Wasserverluste.
Die Alge lebt meistens vereinzelt auf harten Untergründen von der Flachwasserzone bis in maximal 20 Meter Tiefe. Aufgrund des geringen Salzgehaltes ist die Gabelalge in der Ostsee nicht mehr anzutreffen.
Häufigkeit: regelmäßig zu finden.

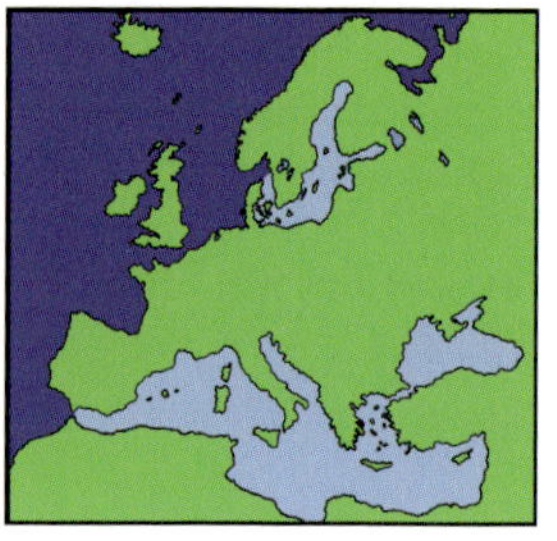

Algen: Rotalgen

Krustenrotalge: *Hildenbrandia rubra*

Größe: unbestimmt, abhängig von der Größe des Untergrundes.
Verbreitung:Mittelmeer, Atlantik, Nordsee, Ostsee.
Wissenswertes: An vielen Steinstränden der Ostseeküste fallen die tiefdunkelroten Farbflecken auf den Steinen auf, manchmal sind sie völlig von der Krustenrotalge überzogen. Die Alge besitzt einen sehr flachen Thallus. Sie siedelt auf Hartgründen, meistens auf Steinen, von der Flachwasserzone bis in 30 Meter Tiefe. Der Thallus ist untrennbar mit dem Untergrund verbunden. Selbst mit einer harten Bürste sind die roten Beläge kaum zu entfernen. Die Alge wächst sehr schnell. Aus zunächst rundlichen Flecken werden rasch krustige Überzüge.
Die Alge übersteht Trockenfallen und kommt mit wenig Licht aus. Sie dient einigen Schnecken als Nahrung.
Häufigkeit: sehr häufig.

Blutroter Seeampfer, Meerampfer: *Delessaria sanguinea*

Größe: Blätter bis 25 cm.
Verbreitung: Atlantik, Nordsee, westliche Ostsee.
Wissenswertes: Der Blutrote Seeampfer wächst buschförmig von 4 bis in 40 Meter Wassertiefe. Auffällig ist eine kräftige Blattmittelrippe, die hellrot gefärbt ist, bei angespülten Exemplaren schnell blass wird. Die dünnen Blätter sind ganzrandig, feine gegenständige Blattnerven zweigen von der Mittelrippe ab. Außerhalb des Wassers fallen die Thalli zusammen und haften aneinander. Die Blätter sind oftmals zerrissen, so dass nur die kräftige Mittelachse stehen bleibt.
Im Winter stirbt die dünne Blatthaut ab. Im Frühjahr sprossen aus der Mittelrippe dann neue Blättchen, zudem entstehen kleine Sporenbehälter. Der Blutrote Seeampfer ist wie die meisten Rotalgen-Arten zweigeschlechtlich, es folgen hier eine geschlechtliche und zwei ungeschlechtliche Generationen aufeinander.
Häufigkeit: häufig.

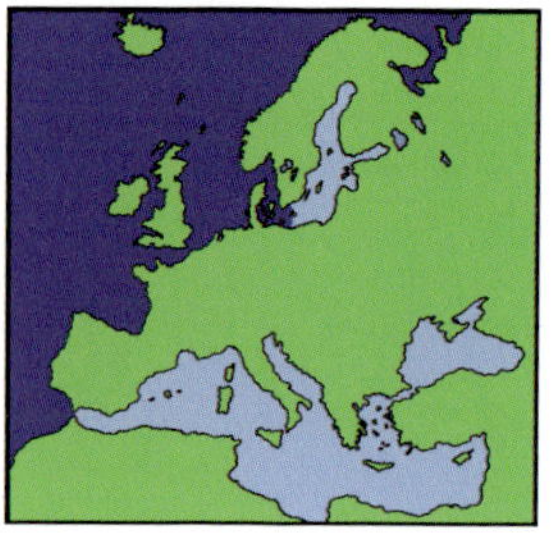

Korallenmoos, Korallenalge: *Corallina officinalis*

Größe: bis 10 cm.
Verbreitung: Mittelmeer, Atlantik, Nordsee.
Wissenswertes: Das Korallenmoos ist eine aufrecht wachsende Rotalge mit Kalkeinlagerungen in den Zellen. Aus diesem Grund kollabieren Exemplare außerhalb des Wassers kaum und trockene Thalli können in den Fingern zerbrochen werden. Die etwa 1 mm breiten Ästchen sind aus zahlreichen Gliedern aufgebaut. Von der Hauptachse zweigen viele kleine Seitenästchen ab. Die Verzweigungen liegen immer in einer Ebene. Die Alge ist blass-violett gefärbt. Auffallend sind die meist hellen Spitzen der Zweige. Das Korallenmoos lebt auf steinigen Untergründen, kommt auch auf Muschelschalen vor. Es bevorzugt brandungsarme Regionen, da starke Wellenbewegung den versteiften Thallus schädigen kann.
Häufigkeit: regelmäßig zu finden.

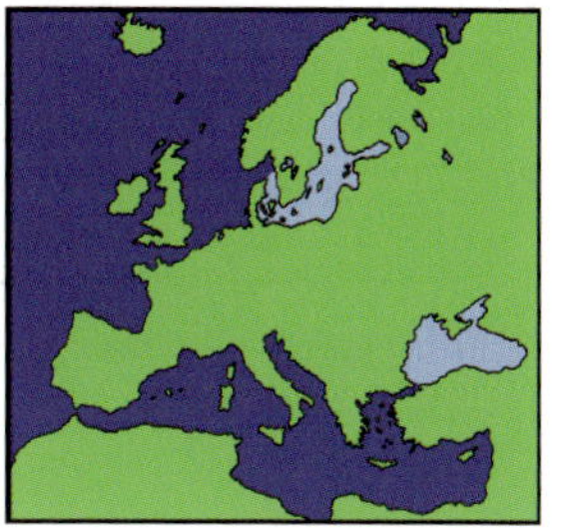

Faltentang: *Ahnfeltia plicata*

Größe: bis 15 cm.
Verbreitung: Atlantik, Nordsee, mittlere Ostsee.
Wissenswertes: Der Faltentang besitzt einen hornartigen, relativ steifen Thallus. Die einzelnen Äste haben von der Basis bis zur Spitze einen Durchmesser von etwa einem halben Millimeter. Sie sind regelmäßig verzweigt. Die äußeren Spitzen sind kurz und sehen wie eine kleine Astgabel aus. Frischer Faltentang besitzt eine tiefviolette Farbe. Meistens findet man jedoch ausgetrocknete Exemplare, die blassgrau bis hellbeige erscheinen. Aufgrund der knorpeligen, fadenförmigen Ästchen ohne sichtbare zelluläre Struktur kann man jedoch auch solche Funde gut ansprechen.
Faltentang wächst auf Steinen und anderen Hartgründen von 0,5 bis in 10 Meter Tiefe.
Häufigkeit: häufig.

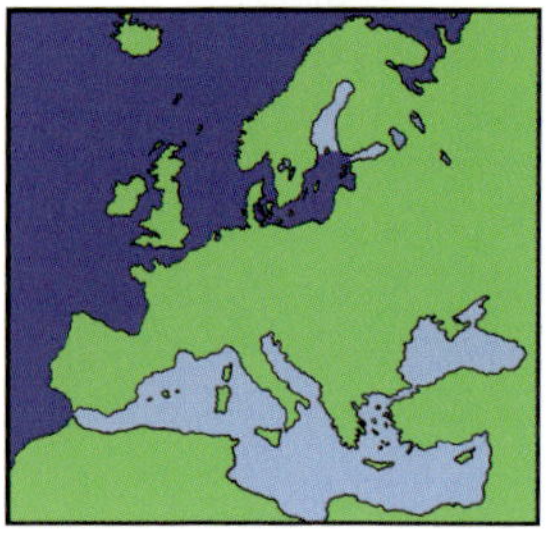

Gemeiner oder Roter Horntang: *Ceramium rubrum*

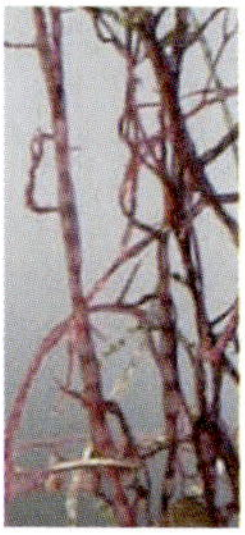

Größe: bis 15 cm.
Verbreitung: Atlantik, Nordsee, mittlere Ostsee.
Wissenswertes: Horntang gehört zu den häufigsten einheimischen Rotalgen-Arten. Der Thallus wächst buschartig, die Äste verzweigen sich regelmäßig und werden dabei nach außen immer dünner. Die Sprossspitzen sind gabelartig geteilt, kurz und zangenartig einander zugewandt. Dadurch erlangen sie die Gestalt eines Kuhhornes, was der Gattung den Namen verliehen hat. Die Sprosse besitzen knotenartige Strukturen, sogenannte Rindenringe. Man erkennt am besten im Gegenlicht den perlschnurartigen Aufbau der Äste.
Der Rote Horntang kommt vom Flachwasser bis in 20 Meter Wassertiefe vor. Es gibt mehrere ähnliche Arten in Nord- und Ostsee.
Häufigkeit: häufig.

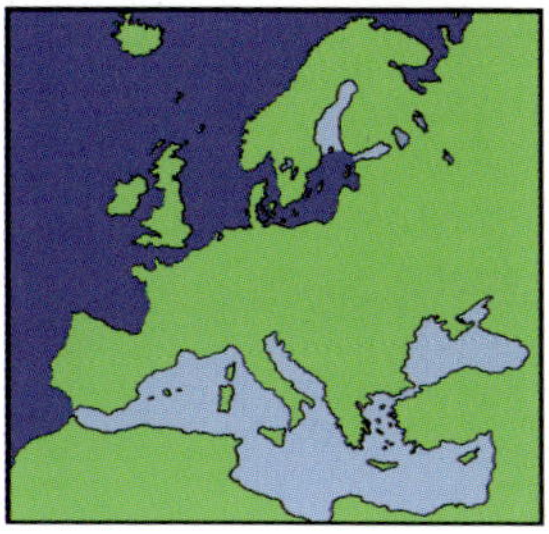

Scherentang: *Polyides rotundus*

Größe: bis 30 cm.
Verbreitung: Atlantik, Nordsee, mittlere Ostsee.
Wissenswertes: Der braunrote Thallus des Scherentangs teilt sich mehrfach gabelig, die Verzweigungspunkte sind U-förmig. Der Stiel ist rund und relativ kräftig, an seiner Basis befindet sich eine runde Haftscheibe. Die Sprossspitzen sind oftmals heller als der übrige Thallus gefärbt. Sie sind zangenartig leicht nach innen gebogen. Im Frühjahr tragen die Sprosse lange Rezeptakeln (siehe Abbildung).
Die Sprossspitzen des ähnlichen, dunkler gefärbten Gabeltangs (*Furcellaria lumbricalis*) sind kurz, nicht verdickt, die Äste nach einer V-förmigen Gabelung werden nach vorn immer kürzer. Die basale Haftscheibe ist wurzelartig verzweigt.
Häufigkeit: regelmäßig zu finden.

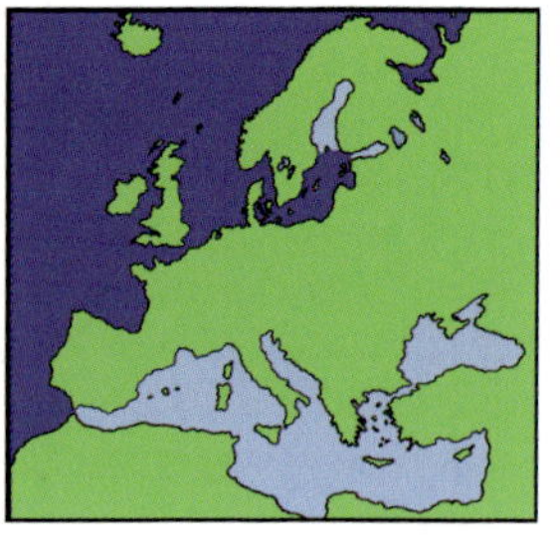

Algen: Rotalgen

Gemeiner Knorpeltang: *Chondrus crispus*

Größe: bis 20 cm.
Verbreitung: Atlantik, Nordsee, westliche Ostsee.
Wissenswertes: Der Gemeine Knorpeltang wächst fächer- bis büschelförmig. Der Thallus ist mehrfach verzweigt, die Sprosse besitzen gewellte Ränder und sind krausartig ineinander gewunden. Der Stiel ist breit und flach, wird in Richtung der Basis schmaler. Der Knorpeltang ist mit einer kleinen Haftscheibe an Steinen angeheftet. Er kommt vom Flachwasser bis in 20 Meter Wassertiefe vor. Aus der Pflanze wird das gelatineartige Carrageen gewonnen, das als Geliermittel u. a. bei Light-Produkten, in Wurstwaren oder bei Babynahrung eingesetzt wird und sogar in Zahnpasta Verwendung findet.

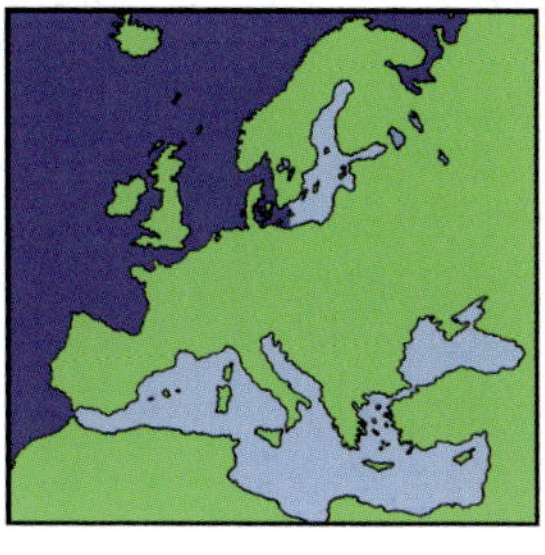

Das ähnliche Dünne Rotblatt (*Phyllophora pseudoceranoides*) besitzt einen dünnen, rundlichen Stiel, der sich erst kurz vor der Blattbasis verbreitert. Die Farbe ist heller rot bis violett.
Häufigkeit: regelmäßig zu finden.

Echtes Seegras: *Zostera marina*

Größe: bis > 150 cm.
Verbreitung: nördliches Mittelmeer, Atlantik, Nordsee, mittlere Ostsee.
Wissenswertes: Seegras ist die einzige voll marine Blütenpflanze. Aus einem Spross entspringen mehrere lange und schmale Blätter, die zumeist von fünf parallel verlaufenden Blattnerven durchzogen werden. Seegras vermehrt sich vegetativ durch Sprossung, sowie durch die Verbreitung von Samen. Die Bestäubung erfolgt dabei unter Wasser. Die Ähren sind unscheinbar und können am besten an den verdickten Sprossbereichen erkannt werden. Die Art lebt vom Flachwasser bis in 5 m Tiefe.
Getrocknetes Seegras wurde in der Vergangenheit zum Dachdecken, als Matratzenfüllstoff oder Isoliermaterial verwendet. Faulende Teppiche aus riesigen Mengen von angespültem Seegras und verschiedenen Algen-Arten führen besonders an warmen Tagen zu einer Geruchsbelästigung sonnenhungriger Strandurlauber.
Häufigkeit: häufig.

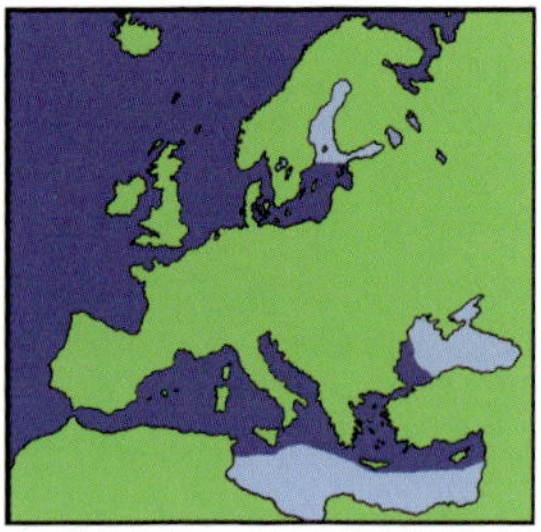

EINFÜHRUNG: Schwämme

Schwämme: Porifera

Einführung: Schwämme sind relativ einfach gebaute Organismen, die keine Muskulatur, kein Nervensystem und keine Sinnesorgane besitzen. Sie sind stets festsitzend, bilden krustenartige Überzüge oder wachsen knollen-, keulen-, pilz- oder baumförmig. Sie sind dabei nicht immer an eine bestimmte Gestalt gebunden, können sich unter wechselnden Umwelteinflüssen unterschiedlich entwickeln. Schwämme filtern große Mengen an Wasser, um Nahrung und Sauerstoff zu erhalten. Dabei strömt das Wasser durch eine Vielzahl kleiner Poren in den Schwammkörper hinein. Der Wasserstrom wird von sog. Kragengeißelzellen erzeugt. Das gefilterte Wasser wird über eine zentrale, große Ausstromöffnung, das Osculum, wieder ausgestoßen. Dieser Filterapparat kann durch Zusammenlegung mehrerer Filterkammern einen sehr komplexen Aufbau erreichen. Schwämme besitzen als Stützelemente kleine Nadeln aus Kalk oder Kieselsäure bzw. ein Geflecht aus dem eiweißartigen, biegsamen Spongin wie bei dem Badeschwamm *Euspongia* aus dem Mittelmeer. Man unterscheidet danach Kalk-, Kiesel- oder Hornschwämme. Schwämme besitzen ein hohes Regenerationsvermögen. Auch fossile Schwämme können am Strand relativ häufig gefunden werden.

Bohrschwamm: *Cliona celata*

Größe: bis 50 cm.
Verbreitung: Mittelmeer, Atlantik, Nordsee, westliche Ostsee.
Wissenswertes: In Kalksteinen, Muschelschalen oder Schneckengehäusen kann man gelegentlich zahlreiche, runde Löcher von 2 - 3 mm Durchmesser entdecken, die von der Anwesenheit des Bohrschwamms zeugen. Zwischen diesen Öffnungen existieren kleine Kanälchen, so dass ein feines Netzwerk entsteht. Der Schwamm löst den Kalk seines Substrates auf chemischem Wege. Die Löcher stellen die Ausstromöffnungen dar.
Manchmal findet man ähnliche Bohrlöcher in fossilen Austern-Schalen oder Belemniten („Donnerkeilen"), die von einem ausgestorbenen Bohrschwamm (*Cliona* sp.) stammen, und als Lebensspur den Namen *Entobia cretacea* tragen. Wichtigstes Bestimmungsmerkmal sind auch hier die kleinen Gänge, die die kugeligen Hohlräume miteinander verbinden.
Häufigkeit: häufig.

Augen-Geweihschwamm: *Haliclona oculata*

Größe: bis 20 cm.
Verbreitung: Atlantik, Nordsee, westliche Ostsee.
Wissenswertes: Der Geweihschwamm wächst auf Steinen und anderen Hartgründen unterhalb der Niedrigwasserlinie. Die fingerförmigen Äste sind bis zu einen Zentimeter dick. Kennzeichnend sind die augenförmigen, etwas erhöht sitzenden Ausstromöffnungen auf der Oberfläche. Durch zahlreiche unregelmäßige Verzweigungen bekommt der Schwamm ein baum- bis geweihartiges Aussehen.
Besonders nach Stürmen werden abgerissene Exemplare an den Strand gespült.
Häufigkeit: regelmäßig zu finden.

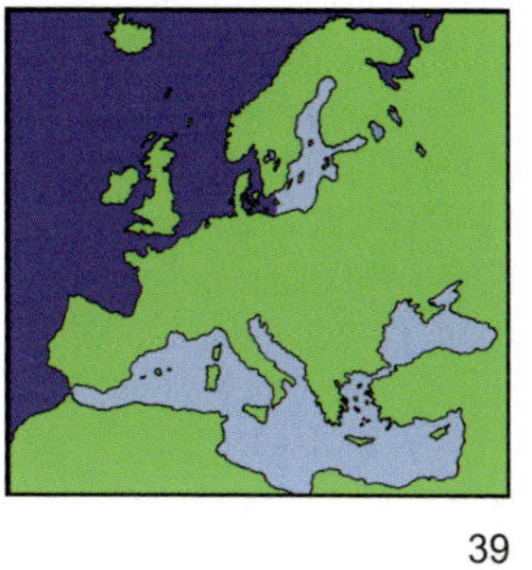

Brotkrumenschwamm: *Halichondria panicea*

Größe: bis 10 cm.
Verbreitung: Atlantik, Nordsee, westliche Ostsee.
Wissenswertes: Der Schwamm wird auch Brotschwamm oder Meerbrot genannt, denn getrocknete Schwamm-Bruchstücke am Spülsaum erinnern an Brotkrumen. Der Schwamm bildet unregelmäßig geformte Klumpen oder flache Überzüge auf Hartgründen wie dicken Tang-Wurzeln oder Muscheln. Die Schwammoberfläche ist glatt. Von dieser erheben sich relativ große, kegelförmige Ausstromöffnungen. Die Wuchsform des Schwammes ist sehr variabel. Im flachen Wasser findet man in der Regel flache Krusten, im tiefen Wasser kann der Schwammkörper massig und aufgerichtet sein.
Häufigkeit: häufig.

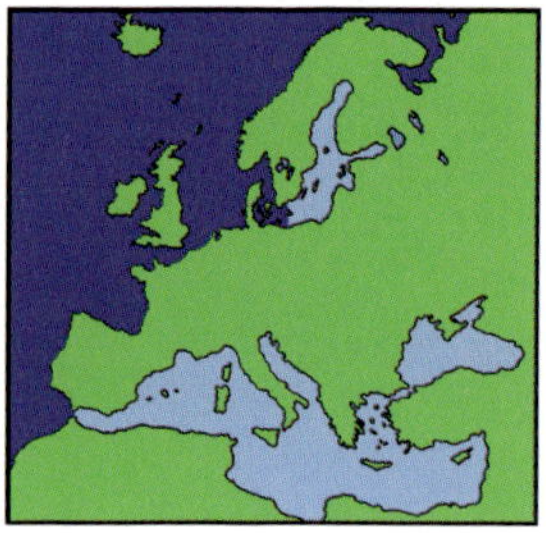

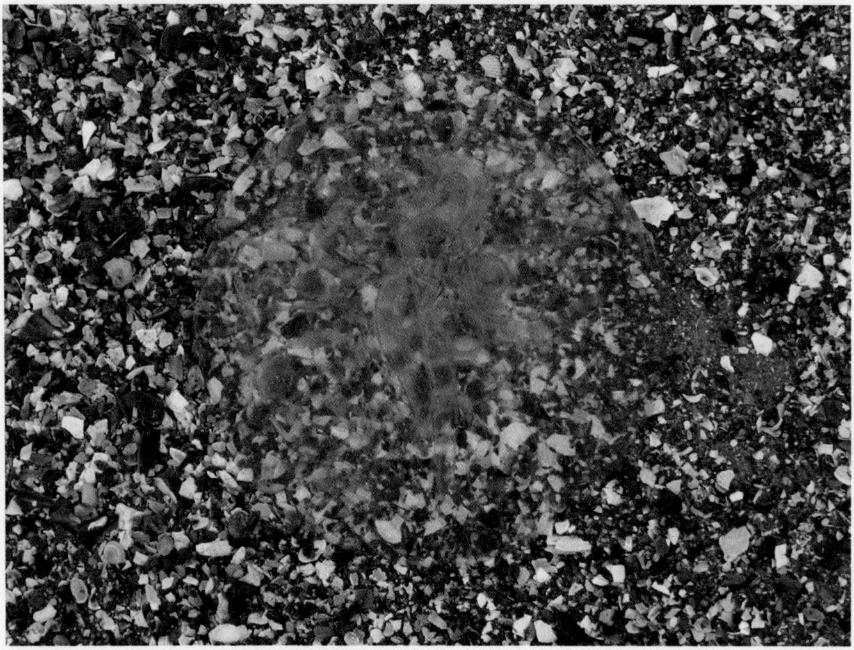

Quallen: Scyphozoa

Einführung: Die Quallen gehören zusammen mit den Hydrozoen und den Korallen zu den Hohltieren (Coelenterata). Eine äußere Zellschicht, das Ektoderm bzw. die Epidermis, umschließt einen inneren Hohlraum, der vom Entoderm oder der Gastrodermis ausgekleidet ist. Dazwischen sind gallertartige Füllzellen eingeschlossen (Mesogloea). Der innere Gastrovaskularraum (=Coelenteron) fungiert als Darm, Zirkulations-, Atmungs- und Exkretionsorgan. Ein Generationswechsel zwischen Polyp und Meduse (vgl. Ohrenqualle *Aurelia aurita*, S. 42) gilt als Grundplanmerkmal. Dieser ist bei den Korallen auf die Polypengeneration und bei den meisten Quallen auf die Medusengeneration reduziert. Quallen besitzen meistens eine tetramere (vierstrahlige) Symmetrie. Einfache Muskelfasern, ein undifferenziertes Nervennetz sowie Licht- und Schweresinnesorgane sind vorhanden, trotzdem besteht der Körper zu über 98 % aus Wasser. Viele Quallen besitzen hochentwickelte Nesselzellen, die ein wirksames Nervengift produzieren. Auch ein aktives Leuchtvermögen ist von einigen Arten bekannt.

Ohrenqualle: *Aurelia aurita*

Größe: bis 40 cm.
Verbreitung: Mittelmeer, Atlantik, Nordsee, Ostsee.
Wissenswertes: In den späten Sommermonaten tritt die Ohrenqualle in großer Anzahl an den Küsten der Nord- und Ostsee auf und verleidet vielen Schwimmern das Bad im Meer. Weitgehend unbekannt ist ihr Generationswechsel. Eine Larve setzt sich an Steinen oder Holzpfählen fest, entwickelt sich dort zu einem kleinen Polypen. Im späten Frühjahr schnürt dieser auf der Tentakelseite zahlreiche kleine, scheibenförmige Quallen ab (Strobilation), die zum Leben im freien Wasser übergehen und sich dort später geschlechtlich fortpflanzen. Auffallend sind bei der Ohrenqualle die gerundet-dreieckigen Gonaden (Geschlechtsdrüsen), die beim Männchen weiß bis orange gefärbt sind, bei den Weibchen rot bis violett. Unter dem Schirm erkennt man vier lappenartige Mundarme. Am Schirmrand befinden sich acht Sinnesknospen.
Häufigkeit: sehr häufig.

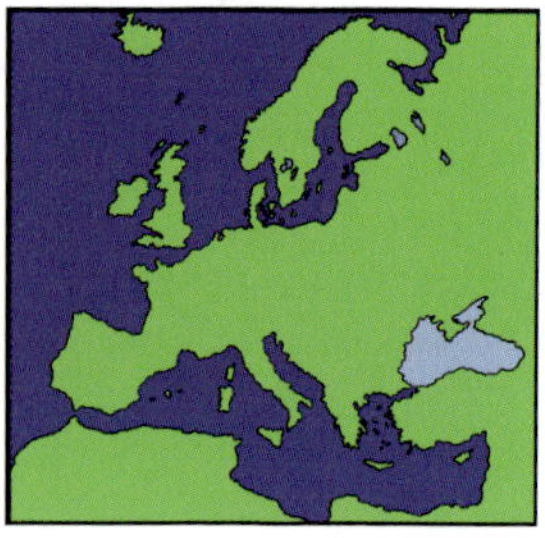

Kompassqualle: *Chrysaora hyoscella*

Größe: bis 30 cm Schirmdurchmesser, Tentakel bis 2 m lang.
Verbreitung: Mittelmeer, Atlantik, Nordsee.
Wissenswertes: Der Schirm der Kompassqualle ist flach gewölbt und beige-gelb getönt. Auffallend sind 16 gelbbraune, v-förmige „Streifen". Auf der Unterseite sind vier unauffällig gefärbte Mundlappen ausgebildet. Die Tentakeln werden zwei Meter lang, nesseln aber nur schwach und sind für den Menschen ungefährlich. Die Meduse ist zunächst männlich, wird dann zwittrig und schließlich weiblich. Die Kompassqualle lebt nur einen Sommer lang. Sie ist ein Hochseetier und findet sich in der Regel nur nach Stürmen im Angespül.
Häufigkeit: selten.

Feuerqualle: *Cyanea capillata*

Größe: bis > 100 cm.
Verbreitung: Mittelmeer, Atlantik, Nordsee, westliche Ostsee.
Wissenswertes: Die gelb-orange Feuerqualle gehört zu den größten bekannten Quallen-Arten, es sind Exemplare mit einem Schirmdurchmesser von fast 2,3 Metern gesichtet worden. Der Schirmrand ist achtfach gelappt. Unter dem Schirm befinden sich etwa 100 - 150 Tentakeln, die im ausgestreckten Zustand maximal 30 Meter lang werden können. In der Regel erreicht die Qualle jedoch nur einen Schirmdurchmesser von 40 - 60 cm, ihre Tentakeln sind dann etwa 2 Meter lang. Die Qualle ist stark nesselnd, die Folge sind lang anhaltendes Brennen und rote Streifen. Das Nesselgift kann bei empfindlichen Menschen Schock, Erbrechen, Schwindel und Fieber hervorrufen. Selbst angespülte Exemplare können noch lange Zeit nesseln - also Vorsicht. In den Spätsommermonaten kann die Qualle massenhaft auftreten.
Häufigkeit: häufig.

Blaue Nesselqualle: *Cyanea lamarckii*

Größe: bis 25 cm.
Verbreitung: Atlantik, Nordsee.
Wissenswertes: Auffälliges Kennzeichen sind 32 tiefblaue Randlappen. Der Schirm ist flach gewölbt. Auf der Unterseite sind mehr als 100 Tentakeln, angeordnet in 8 Gruppen, zu finden. Die Qualle ist stark nesselnd, bei sensiblen Personen kann es sogar zu regelrechten Verbrennungen und Kreislaufstörungen kommen. Bei einem Hautkontakt mit Nesselquallen sollte man die Wunde mit Sand abreiben, um eventuell anhaftende Nesselfäden zu entfernen.
Von manchen Autoren werden die blaue und die gelbe Nesselqualle als eine Art angesehen, da echte morphologische Unterschiede fehlen. Neben der verschiedenen Färbung wird vor allem von einer schwächeren Intensität des Nesselgiftes berichtet.
Häufigkeit: regelmäßig zu finden.

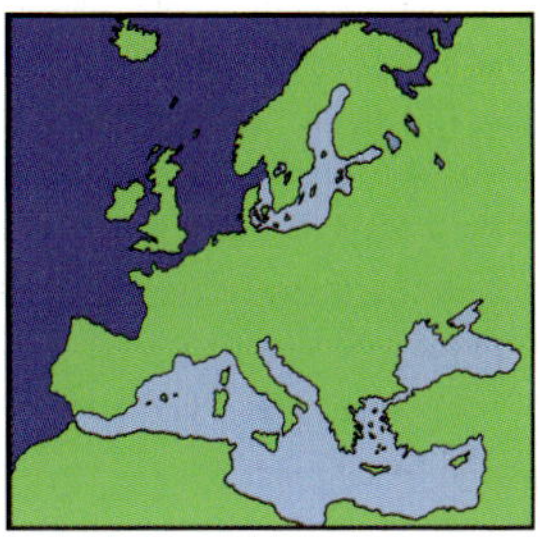

Wurzelmundqualle: *Rhizostoma octopus*

Größe: bis 60 cm Schirmdurchmesser
Verbreitung: Atlantik, Nordsee bis Kattegat.
Wissenswertes: Der Schirm ist glockenförmig aufgewölbt, blass- bis tiefblau gefärbt und violett gesäumt. Der Schirmrand trägt bis zu 96 kleine Randlappen. Unter dem Schirm setzen 8 lange Mundlappen an, die miteinander verwachsen sind. Nach ihrem Aussehen nennt man die Art auch „Blumenkohlqualle“. Die Qualle besitzt keine Tentakeln und somit auch keine Nesselzellen. *Rhizostoma octopus* ist trotz des massigen Aussehens somit nicht nesselnd, sondern völlig ungefährlich.
Die Wurzelmundqualle kann schnell schwimmen. Sie überwintert in tiefen Gewässern, kommt im Sommer zur Fortpflanzung in seichtere Gebiete und wird dann von Strömung und Wellen an den Strand geworfen.
Häufigkeit: selten.

Ctenophora: Rippenquallen

Seestachelbeere: *Pleurobrachia pileus*

<u>Größe</u>: bis 3 cm.
<u>Verbreitung</u>: Mittelmeer, Atlantik, Nordsee, Ostsee.
<u>Wissenswertes</u>: Die Rippenquallen sind eng mit den Hohltieren verwandt, haben aber keinen Generationswechsel zwischen Polyp und Meduse. Über den kugeligen bis eiförmigen Körper laufen acht Wimpernfelder, die zur Fortbewegung dienen („Rippen“). Die Quallen tragen zwei lange Tentakeln, die zur Nahrungsaufnahme eingesetzt und vollständig eingezogen werden können. Die Tiere werden nach Stürmen manchmal massenhaft an den Strand gespült. Bei lebenden Tieren kann man gelegentlich ein irisierendes Farbenspiel beobachten.
Die Seestachelbeeren besitzen ein Leuchtvermögen. Wenn sie in größeren Mengen auftreten, können Sie sogar ein Meeresleuchten hervorrufen.
<u>Häufigkeit</u>: häufig.

Stachelpolyp: *Hydractinia echinata*

Größe: Einzelpolyp bis 1,5 cm.
Verbreitung: Atlantik, Nordsee, westliche Ostsee.
Wissenswertes: Der Stachelpolyp lebt in großen Kolonien, das Einzeltier misst jedoch nur wenige Millimeter. Fast immer werden Schneckengehäuse (z. B. Wellhornschnecke, Strandschnecke) überwuchert, in denen ein Einsiedlerkrebs lebt. Die Kolonie wächst über die Mündung hinaus, das Schneckenhaus bleibt länger bewohnbar und der gefährliche Umzug in ein größeres Haus wird für den „weichschwänzigen" Krebs etwas hinausgezögert. Der Polyp profitiert von der vagilen Lebensweise des Krebses, erreicht so neue Nahrungsgebiete. Innerhalb der Kolonie gibt es verschiedene Arten von Polypen, die auf Nahrungsaufnahme, Fortpflanzung oder Verteidigung spezialisiert sind. Zwischen den Polypen sitzen kleine Stacheln.
Häufigkeit: regelmäßig zu finden.

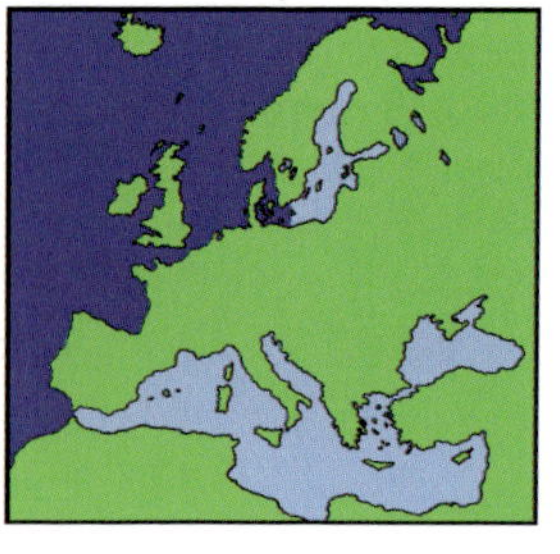

EINFÜHRUNG: Ringelwürmer

Ringelwürmer: Annelida

Einführung: Ringelwürmer sind metamer gegliedert, d. h. sie sind aus einer Vielzahl gleich gestalteter Segmente aufgebaut. Jedes Segment besitzt im Grundplan u. a. ein Paar Kiemenbüschel und ein Paar borstenbesetzte, meist zweiästige Parapodien („Scheinfüßchen") als Extremitäten. Der Kopf trägt gewöhnlich Antennen, Augen und einen Mund mit ausstreckbarem Rüssel und chitinigen Kiefern. Die Anneliden werden in die Clitellata und die Polychaeta unterteilt. Zur ersten Gruppe gehören die Oligochaeta (Wenigborster, z. B. der Regenwurm) und die Hiruidinea (Egel). Die zweite Gruppe stellen die ausschließlich marinen Polychaeta oder Vielborster. Zu ihnen zählen alle nachfolgend beschriebenen Ringelwürmer. Es gibt festsitzende Arten, wie die kalkröhrenbauenden Serpeln (S. 54f) oder die in Röhren aus verschleimten Sandkörnchen lebenden Köcherwürmer (S. 56f). Auch der in U-förmigen Gängen lebende und somit ortstreue Wattwurm zählt zu ihnen. Diese Würmer filtern mit einem großen Tentakelkranz Nahrungspartikel aus dem Wasser oder extrahieren Nahrhaftes aus gefressenem Sediment. Andere Arten wie der Seeringelwurm *Nereis diversicolor* sind frei beweglich. Es handelt sich hierbei meistens um Räuber.

Irisierender Seeringelwurm: *Nereis virens*

Größe: Wurm bis 80 cm.
Verbreitung: Atlantik, Nordsee, westliche Ostsee.
Wissenswertes: Der größte und farbenfroheste Wurm des Wattenmeeres, auch „Grüner Seeringelwurm“ genannt. Die Tiere sind im Schnitt 25 bis 40 Zentimeter lang, können in Ausnahmefällen über 80 cm erreichen und mehr als 200 Segmente besitzen. Der Wurm lebt in verzweigten Gangsystemen im Boden, die er nachts verläßt, um auf Beutezug zu gehen. Er ernährt sich von Algen und verschiedenen Kleinlebewesen. Der Irisierende Seeringelwurm ist ein beliebter Angelköder. Aber Vorsicht! Größere Exemplare können recht schmerzhaft beißen.
Häufigkeit: eher selten.

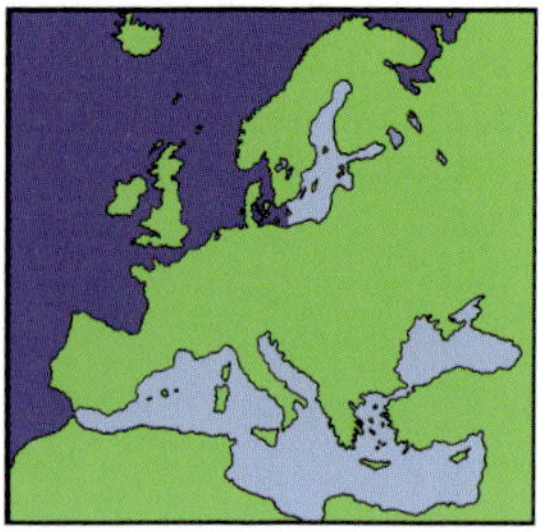

Foto: Uwe Byszio

Seeringelwurm: *Nereis diversicolor*

Größe: Wurm bis 12 cm.
Verbreitung: Mittelmeer, Atlantik, Nordsee.
Wissenswertes: Der Wurm ist gelblich bis rötlich, selten auch leicht grünlich gefärbt. Besonders auffallend ist das Dorsalgefäß („Herz“), das als schmales rotes Band den Rücken entlang läuft. Jedes Segment trägt ein Paar zweilappige Parapodien („Scheinfüßchen“), die zur Atmung und Fortbewegung dienen. Der Seeringelwurm lebt in bis zu 30 cm tiefen, selbst gegrabenen senkrechten Röhren. Selbst zur Nahrungssuche auf dem Wattboden verlässt er die Röhre nur selten vollständig, um sich bei Gefahr ruckartig zurückziehen zu können. Rund um die Wohnröhre sieht man manchmal sternförmig angeordnete Fraßspuren.
Häufigkeit: eher selten.

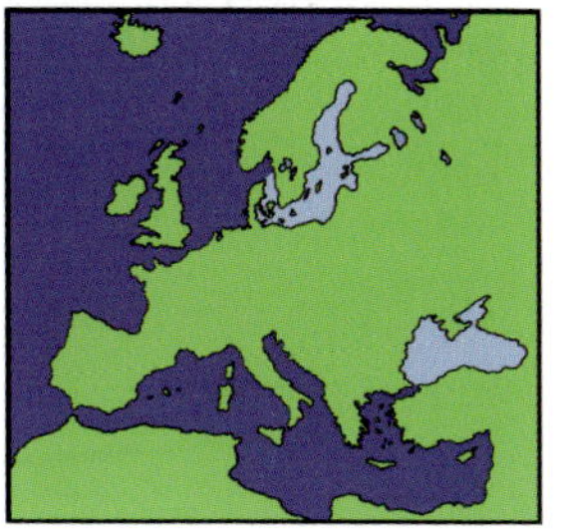

Wattwurm: *Arenicola marina*

Größe: Wurm bis 25 cm.
Verbreitung: Mittelmeer, Atlantik, Nordsee, westliche Ostsee.
Wissenswertes: Einen echten Wattwurm wird man nur selten zu Gesicht bekommen, es sei denn, man gräbt auf der Suche nach Angelködern 25 cm tiefe Löcher in das Watt. Die Tiere leben in einer U-förmigen Röhre, fressen auf der Suche nach organischen Bestandteilen das Substrat und scheiden das nicht verwertbare Sediment in sehr charakteristischen Kothäufchen (s. S. 145) wieder aus. Unweit dieser Haufen befindet sich der Freßsstrichter der Tiere. Der Wurm selbst ist in drei Körperabschnitte gegliedert: auf den Kopf folgen 13 Segmente mit kleinen Kiemenbüscheln, danach ein langer Hinterleib.
Der Wattwurm wird zwei Jahre alt. In diesem Zeitraum kann er einen Zentner Sand aufnehmen und wieder ausscheiden.
Häufigkeit: sehr häufig.

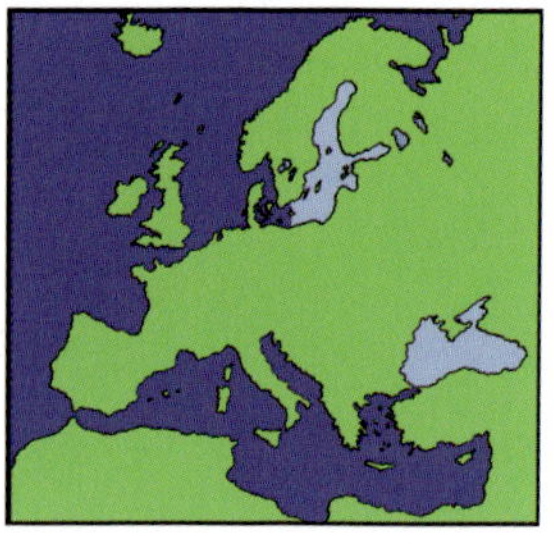

Pümpwurm, „Sandkoralle“: *Sabellaria spinulosa*

Größe: Wurm bis 5 cm.
Verbreitung: Mittelmeer, Atlantik, Nordsee.
Wissenswertes: Der Wurm lebt in mehrfach leicht gebogenen Röhren, die aus verschleimten Sandkörnchen bestehen. Sie sind meist auf Steinen oder Molluskenschalen gegründet und stehen so dicht, dass riffartige, bis 50 cm mächtige Bänke entstehen. An den Mündungen der Röhren sieht man den hufeisenförmig gestalteten Tentakelkranz der Würmer.
Früher gab es riesige „Sandkorallen“-Riffe, die heute durch Schleppnetzfischerei aber zum großen Teil zerstört sind. Nur gelegentlich wird man heute noch abgerollte Blöcke von verklumpten Röhren finden, die zumeist nach Stürmen an den Strand gespült werden. Bereits im Unterkambrium (vor 550 Mill. J.) gab es ähnliche Wurmbauten mit dem Namen *Skolithos linearis*, die man heute versteinert am Ostseestrand finden kann.
Häufigkeit: selten.

Posthörnchenwurm: *Spirorbis spirorbis*

Größe: Röhre 2 bis 4 mm Durchmesser.
Verbreitung: Mittelmeer, Atlantik, Nordsee, mittlere Ostsee.
Wissenswertes: Die Röhre des Posthörnchenwurmes ist weiß, spiralig im Uhrzeigersinn aufgerollt, die Oberfläche ist glatt. Der Wurm selbst ist nur 3 - 5 mm lang. Die Tentakelkrone kann vollständig in die Röhre zurückgezogen werden.
Die Tiere siedeln vorwiegend auf *Fucus*-Arten (siehe S. 16ff), kommen aber auch auf Steinen, Seegras und anderen Hartgründen vor. Die Eiablage und Larval-Entwicklung findet in der Röhre des Elterntieres statt. Das Jungtier siedelt sich dann in der Umgebung seiner Geburtsstätte an. Dadurch kommt es zur Massenbesiedlung des jeweiligen Substrates.

Spirorbis tridentatus zeichnet sich durch einen dreifachen Kiel auf der Röhre aus. Zwei weitere Arten sind linksgewunden. *Spirorbis borealis* ist übrigens ein Synonym von *Spirorbis spirorbis*.
Häufigkeit: häufig.

Dreikantwurm: *Pomatoceros triqueter*

Größe: Wurm bis 3 cm, Kalkröhre bis >10 cm.
Verbreitung: Mittelmeer, Atlantik, Nordsee, westliche Ostsee.
Wissenswertes: Die weiße Kalkröhre ist dreifach gekielt, besitzt dadurch einen dreieckigen Querschnitt. Sie ist mehrfach gewunden, erweitert sich nach vorn.
Der Wurm trägt einen gefiederten Tentakelkranz, mit dem er Nahrungspartikel aus dem Wasser fängt. Bei Gefahr wird dieser vollständig zurückgezogen, die Röhre kann mit einem kleinen Kalkplättchen verschlossen werden.
Der Dreikantwurm besiedelt vorwiegend Muschelschalen und Steine, kommt aber auch auf Braunalgen, Treibhölzern, Bojen, Pfählen, Schiffsrümpfen und anderen Hartgründen vor. Durch dichten Bewuchs kann er regelrechte „Riffe“ bilden.
Häufigkeit: häufig.

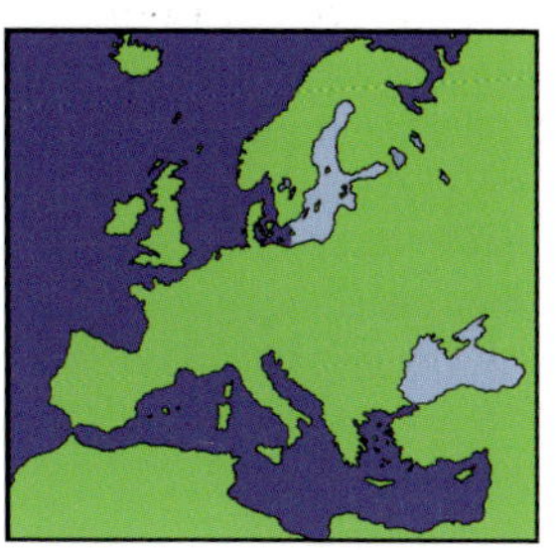

Bäumchenröhrenwurm: *Lanice conchilega*

Größe: bis 30 cm.
Verbreitung: Atlantik, Nordsee, westliche Ostsee.
Wissenswertes: Besonders charakteristisch sind die biegsamen Wohnröhren des Wurmes, die häufig in Gezeitentümpeln im Wattenmeer oder am Spülsaum gefunden werden können. Sie bestehen aus zusammengeklebten Sandkörnchen, Kalkschalen und kleinen Steinchen, die der Wurm von der Sedimentoberfläche aufnimmt. Am oberen Rand ist die Röhre vielfach verzweigt, dazwischen werden kleine Schleimfäden gespannt. An diesem Netzwerk verfangen sich kleine Nahrungspartikel, die von den Tentakeln aufgenommen und zum Mund transportiert werden. Die Wohnröhre ist im Sediment verankert, ragt einige Zentimeter hoch in das freie Wasser. Der Wurm wird bis zu 30 cm lang, ist aber meist kleiner.
Häufigkeit: häufig.

Pygospiowurm: *Pygospio elegans*

Größe: bis 1,5 cm, Röhre bis 9 cm.
Verbreitung: Mittelmeer, Atlantik, Nordsee, mittlere Ostsee.
Wissenswertes: Der kleine, sehr dünne Wurm ist gelblich-grün gefärbt, trägt am Kopfende zwei lange Antennen. Der Körper besteht aus rund 60 Segmenten, die kleine Stummelfüßchen tragen.

Der Pygospiowurm lebt im Sediment, verkleidet seine Wohnröhre mit verschleimten Sandkörnchen. Die Besiedlungsdichte des Tieres ist sehr hoch, ausgespülte Kolonien zeigen dies deutlich. Die Röhre hat bei einer maximalen Länge von 9 cm einen Durchmesser von nur 1 - 2 mm. Sie kann im oberen Bereich Y-förmig verzweigt sein. Der Wurm besitzt ein außerordentlich hohes Regenerationsvermögen, kann aus wenigen Segmenten seinen gesamten Körper neu bilden.
Häufigkeit: häufig.

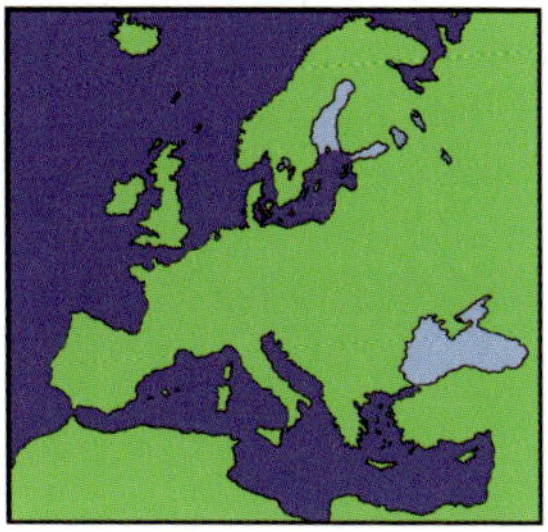

Bohrringelwurm: *Polydora ciliata*

Größe: Wurm bis 3 cm, Gänge bis 2 cm tief.
Verbreitung: Mittelmeer, Atlantik, Nordsee, westliche Ostsee.
Wissenswertes: Der Bohrringelwurm bohrt vorwiegend in Kalksteinen und Muschelschalen kleine U-förmige Gänge, die meist 3 - 5 mm, selten bis 2 cm tief in den Untergrund vorgetrieben werden. An der Mündung sieht man bei lebenden Tieren eine kurze, aus verschleimten Detrituspartikeln gebildete Röhre. Der Wurm selbst ist langgestreckt, besteht aus bis zu 180 Segmenten. Der Kopf trägt vier Augen und zwei lange Tentakeln. Am Strand trifft man häufig auf angebohrte Steine. Da der Wurm nur in Kalk bohrt, kann man diese mit Hilfe der Bohrgänge als Kalkstein identifizieren.
Häufigkeit: häufig.

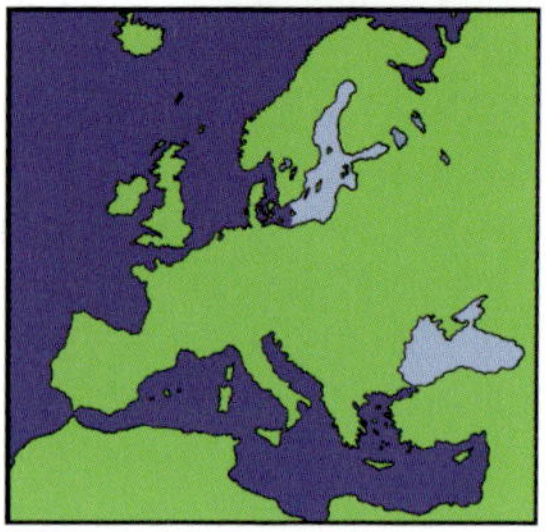

EINFÜHRUNG: Muscheln

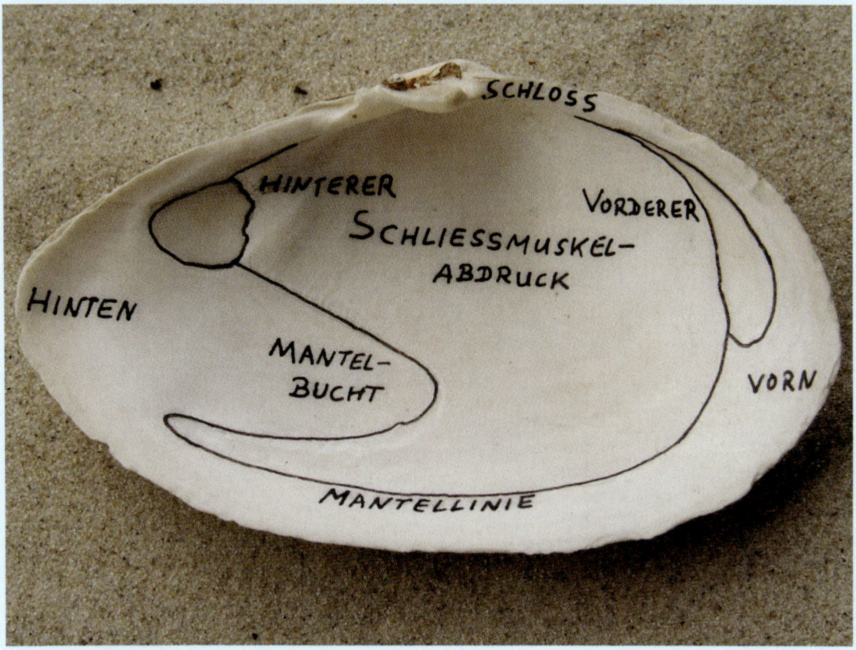

Muscheln: Bivalvia

Einführung: Muscheln haben ein zweiklappiges Gehäuse. Beide Schalenteile besitzen ein Schloss mit charakteristischen Schlosszähnen. Bei einigen Muscheln sind die Klappen zusätzlich durch ein Ligament, einer Art hornigem Scharnier, miteinander verbunden (vgl. Herzmuschel). Auf der Schalen-Innenseite sind meistens zwei deutliche Schließmuskel-Abdrücke zu erkennen. Einige Muscheln, die eingegraben im Sand leben, besitzen Siphonen, mit denen sie Atemwasser und Nahrungspartikel einstrudeln und Abfallprodukte ausscheiden können. Je tiefer die Muschel im Sand lebt, desto länger müssen die Siphonen sein. An der Schale kann man dies an der Mantelbucht erkennen: ist die sie groß, so sind die Siphonen lang und die Muschel lebt entprechend tief im Sediment; ist die Mantelbucht klein, so sind die Siphonen nur kurz. Muscheln ohne Mantelbucht leben in der Regel auf dem Sediment oder nur wenig eingegraben. Die Mantelbucht liegt immer am Hinterende des Tieres. Betrachtet man ein doppelklappiges Gehäuse von oben, dann liegt der Wirbel, das Zentrum der Schale, immer vor dem Ligament. Mit dieser Orientierung kann man rechte und linke Klappen unterscheiden. Manche Muscheln besitzen eine braune, chitinartige „Haut“, das Periostrakum.

Miesmuschel: *Mytilus edulis*

Größe: bis 10 cm.
Verbreitung: Mittelmeer, Atlantik, Nordsee, mittlere Ostsee.
Wissenswertes: Die Schalen der Mies- oder Pfahlmuschel sind im Umriss schief dreieckig. Der Wirbel befindet sich fast an der vorderen Spitze. Das Periostrakum ist dunkelbraun bis schwarz. Die Innenseite der Schalen ist silberweiß, am Hinterrand violettblau. Bei noch nicht ausgewachsenen Exemplaren sind manchmal helle Strahlen zu sehen, die vom Wirbel bis zum Schalenende ziehen. Die Schale dieser Tiere ist oft goldbraun.

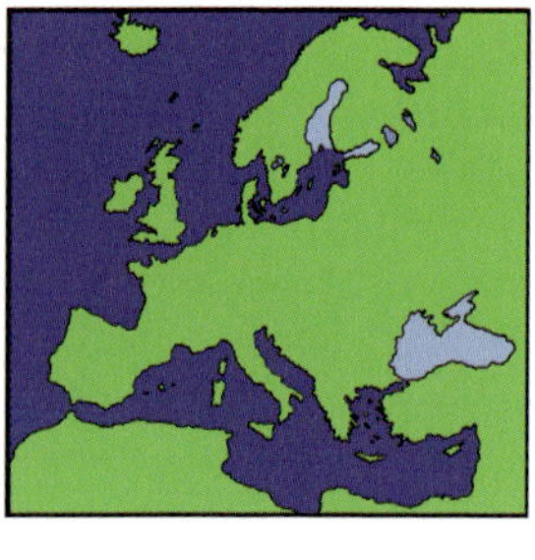

Die Miesmuschel wird 15 Jahre alt. Sie lebt in großen Kolonien („Muschelbänken"), ist mit Byssusfäden am Untergund angeheftet. Eine Muschel filtert 3 Liter Wasser pro Stunde, kann so bis zu 100.000 Planktonorganismen aufnehmen. Miesmuscheln sind sehr schmackhaft. Leere Schalen sind häufig von Seepocken, Moostierchen oder Kalkröhrenwürmen besiedelt.
Häufigkeit: sehr häufig.

Pferdemuschel: *Modiolus modiolus*

Größe: bis > 20 cm.
Verbreitung: Mittelmeer, Atlantik, Nordsee, westliche Ostsee.
Wissenswertes: Die Pferdemuschel oder Große Miesmuschel besitzt ein dunkelbraunes bis schwarzes Periostrakum. Der Wirbel liegt etwas vor dem Schalenende. Das Schloss ist zahnlos. Dort, wo sich das Periostrakum ablöst, erscheint die Schale leicht violett getönt. Die Klappen sind ventral (auf der Bauchseite) deutlich nach innen gewölbt. Eine Mantelbucht ist nicht vorhanden. Der vordere Schließmuskelabdruck ist klein, der hintere recht groß.
Die Muschel lebt teils in größeren Kolonien auf felsigem Untergrund, an dem sie sich mit Byssusfäden anheftet. Sie kommt auch auf Grobsand und im Schlick vor. Angespülte Exemplare sind häufig von Kalkröhrenwürmern, Seepocken oder Bryozoen besiedelt.
Häufigkeit: regelmäßig zu finden.

Sandklaffmuschel: *Mya arenaria*

Größe: bis 15 cm.
Verbreitung: Atlantik, Nordsee, Ostsee.
Wissenswertes: Die Sandklaffmuschel ist neben der Herzmuschel wohl die bekannteste Muschel aus Nord- und Ostsee. Die auffällig große Schale ist konzentrisch gestreift. Das vordere Schalenende ist abgerundet, das hintere leicht zugespitzt. Das gelbliche Periostrakum ist meist nicht erhalten. Die linke Klappe trägt unterhalb des Wirbels einen schaufelartigen Fortsatz, das Chondrophor. Eine tiefe Mantelbucht weist auf lange Siphonen hin. Entsprechend lebt das Tier bis über 40 cm tief im Sediment vergraben. Junge Sandklaffmuscheln können in Dichten bis 100.000 Individuen pro Quadratmeter vorkommen; ein Weibchen produziert bis zu 3 Millionen Eier im Jahr. Die Art ist während der Eiszeit in Nordeuropa ausgestorben, drang erst im 14. Jahrhundert aus Nordamerika wieder ein.
Häufigkeit: sehr häufig.

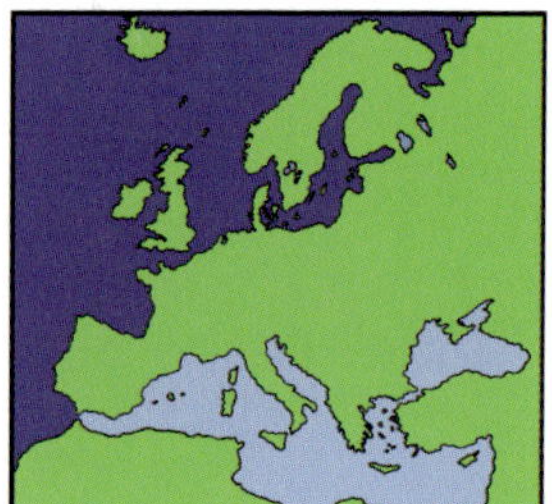

Gestutzte Sandklaffmuschel: *Mya truncata*

Größe: bis 7 cm.
Verbreitung: Atlantik, Nordsee, westliche Ostsee.
Wissenswertes: Auffallend ist der senkrecht gestutzte hintere Schalenrand der Muschel. Die Schalen sind hier weit klaffend, um den Siphonen Raum zu geben. Die Mantelbucht ist entsprechend breit und tief. Die Klappen sind konzentrisch gerippt, das Periostrakum ist gelb bis bräunlich. Wie bei *M. arenaria* trägt auch bei dieser Art die linke Schalenklappe einen löffelartigen Fortsatz unterhalb des Wirbels. Während *M. arenaria* ihren Sipho bis auf vierfache Gehäuselänge ausstrecken kann, vermag *M. truncata* nur etwa die doppelte Gehäuselänge zu erreichen. Dafür können die Siphonen dieser Art vollständig in die Schale zurückgezogen werden. Demzufolge lebt die Muschel maximal 20 cm tief im Sediment vergraben. Beide Arten sind eßbar.
Häufigkeit: regelmäßig zu finden.

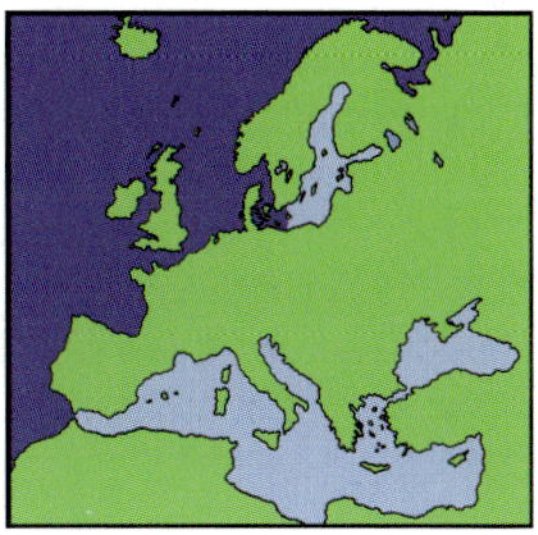

Große Nussmuschel: *Nucula nucleus*

Größe: bis 1,5 cm.
Verbreitung: Mittelmeer, Atlantik, Nordsee.
Wissenswertes: Nussmuscheln sind leicht durch das isodonte Schloss zu bestimmen, d. h. der Schlossrand besteht aus vielen kleinen, gleich gestalteten Schlosszähnen. Die Schale besitzt ein gelblichgrünes bis dunkelbraunes Periostrakum, das schnell abblättert. Die Schale der Großen Nussmuschel (im Bild oben) ist matt, dunkelbraun. Die Klappen sind fein konzentrisch gestreift. Der Unterrand der Schalen ist fein gekerbt (mit dem Fingernagel am Schalenrand entlangfahren). Die Schaleninnenseiten tragen eine Perlmuttschicht, die aber schnell verblasst.
Eine zweite Art, die Glänzende Nussmuschel (*Nucula nitidosa*; im Bild unten), ist etwas kleiner, die Schale ist heller und glänzend.
Nussmuscheln leben flach im Sediment eingegraben, meist in größerer Wassertiefe (>20 m).
Häufigkeit: selten.

Weiße Bohrmuschel: *Barnea candida*

Größe: bis 6,5 cm.
Verbreitung: Mittelmeer, Atlantik, Nordsee, westliche Ostsee.
Wissenswertes: Die Schale der weißen Bohrmuschel ist dünn und zerbrechlich. Ihr Umriss ist fast ellipsenförmig. Der vordere Schalenrand bis zum Wirbel ist auf charakteristische Weise nach oben umgeschlagen - ein perfektes Bestimmungsmerkmal für diese Art. Die Schale trägt konzentrische und radialstrahlige Rippen, die am vorderen Ende besonders kräftig sind und sog. Raspelzähne tragen. In Höhe des Wirbels befindet sich auf der Schaleninnenseite ein nach innen gebogener Kalkfortsatz, die Apophyse. Hier setzt der Fußmuskel an.

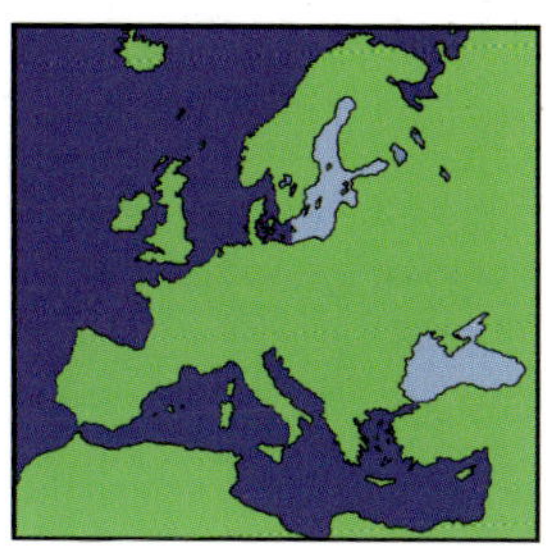

Die weiße Bohrmuschel bohrt in Ton, Torf, Holz, Mergel, Kreide und weichen Kalksteinen, wobei sie sich ständig um ihre eigene Achse dreht. Sie kommt häufig in großer Besiedlungsdichte von mehr als 750 Tieren pro Quadratmeter vor.
Häufigkeit: regelmäßig zu finden.

Amerikanische Bohrmuschel, Engelsflügel: *Petricola pholadiformis*

Größe: bis 7 cm.
Verbreitung: Atlantik, Nordsee, westliche Ostsee.
Wissenswertes: Die Schale ist weiß bis gelblich und fein konzentrisch gestreift. Im vorderen Bereich sind sehr kräftige Rippen ausgebildet, mit denen die Muschel vor allem in verfestigtem Schlick, Klei, Ton, Lehm oder Torf bohrt. Eine Apophyse ist nicht vorhanden. Auf der Schaleninnenseite ist eine tiefe Mantelbucht erkennbar. Mit entsprechend langen Siphonen kann die Muschel ein tiefes Bohrloch bewohnen und hier ständig frisches Wasser und Nahrungspartikel einstrudeln. Die Art wurde vor 100 Jahren aus Amerika eingeschleppt: um 1890 wurde sie in England festgestellt, 1899 an der belgischen Küste und schließlich 1906 im deutschen Wattenmeer. Sie gehört heute zu den häufigsten Arten der Nordsee.

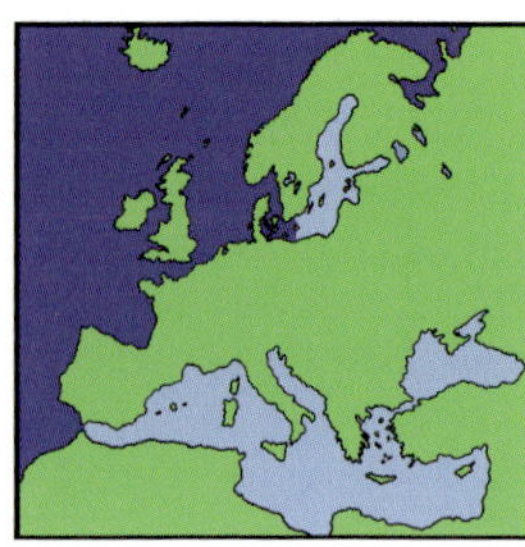

Häufigkeit: sehr häufig.

Krause Bohrmuschel: *Zirfaea crispata*

Größe: bis 10 cm.
Verbreitung: Atlantik, Nordsee, westliche Ostsee.
Wissenswertes: Die wohl auffälligste Bohrmuschel-Art der Nord- und Ostsee. Die Schale ist an beiden Enden weit klaffend. Auffällig ist eine schräg über die Schalenmitte verlaufende Furche. Der hintere Schalenteil zeigt nur flache, konzentrische Streifen. Der vordere Schalenabschnitt hingegen ist mit kräftigen radial und wellenförmigen horizontal verlaufenden Rippen versehen. Die Schale ist vor dem Wirbel nach oben umgeschlagen. Eine lange und kräftige Apophyse als Ansatzstelle für den Fußmuskel ist auf der Schaleninnenseite unter dem Wirbel ausgebildet. Die Krause Bohrmuschel lebt einzeln, nicht in Kolonien wie die weiße Bohrmuschel. Sie bohrt in Ton, Torf, Mergel, weichem Kalkstein, Kreide und selten in Holz.
Häufigkeit: regelmäßig zu finden.

„Pfahlwurm“, „Schiffsbohrwurm“: *Teredo navalis*

Größe: Körper bis 30 cm. Schale bis 1 cm, Paletten bis 0,6 cm; Gänge bis 60 cm lang und 1 cm breit.
Verbreitung: Atlantik, Nordsee, westliche Ostsee.
Wissenswertes: Die Schalen sind stark reduziert. Zwei kleine Klappen am Vorderende dienen als Bohrwerkzeuge. Die Röhren sind mit Kalk austapeziert. Sie werden nach vorn (innen) breiter, was aus der Größenzunahme des Tieres resultiert. Ein Rückzug ist somit ausgeschlossen. Die Gänge können mit Hilfe kleiner Kalkplatten, den Paletten, verschlossen werden. Die Muschel kann so längere Trockenperioden überdauern. Die Röhren treffen sich nie, sind mindestens durch papierdicke Wände voneinander getrennt. *T. navalis* kommt bis in die deutsche Beltsee vor. Durch massiven Befall von Schiffen und Pfählen im Hafenbereich kann die Muschel bedeutenden wirtschaftlichen Schaden anrichten. Das Wrack der 'Wasa' vor Stockholm ist nicht befallen, da hier der Salzgehalt zu gering ist.

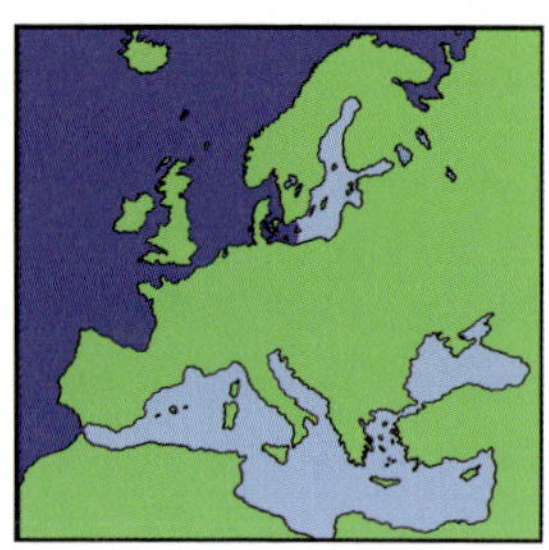

Häufigkeit: häufig.

Essbare Herzmuschel: *Cerastoderma edule*

Größe: bis 5 cm.
Verbreitung: Mittelmeer, Atlantik, Nordsee, Ostsee.
Wissenswertes: Die Herzmuschel ist mit Abstand die häufigste Muschel an den Stränden der Nord- und Ostsee. Betrachtet man ein doppelklappiges Exemplar von der Seite, erkennt man schnell die Herkunft des Namens.
Die Muschel besitzt etwa 25 kräftige und leicht schuppige Rippen, die sich auch auf der Innenseite der Schale kurz abzeichnen. Die Muscheln besitzen häufig konzentrische Streifen. Ihre Farbe variiert von weiß über gelb und braun bis hin zu blau und grau. Schalen, die lange im Schlick liegen, verfärben sich dunkel.
Eine zweite Art, *C. lamarcki*, ist deutlich seltener und nur schwer von *C. edule* zu unterscheiden.
Häufigkeit: sehr häufig.

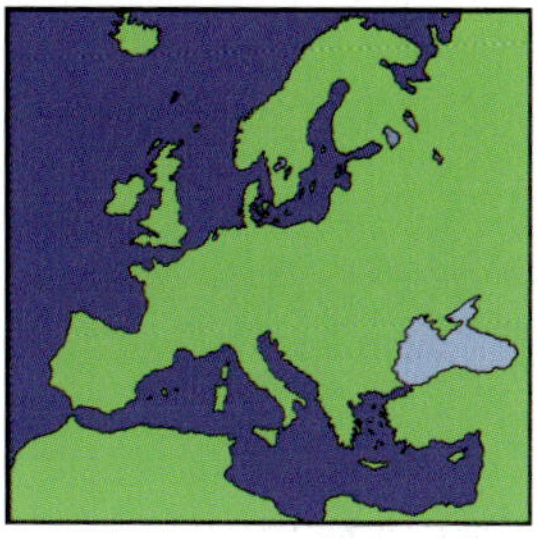

Baltische Plattmuschel: *Macoma balthica*

Größe: bis 3 cm.
Verbreitung: Atlantik, Nordsee, westliche Ostsee.
Wissenswertes: Die Baltische Plattmuschel wird im Volksmund aufgrund ihrer Färbung als „Rote Bohne“ bezeichnet, obwohl viele Exemplare auch weiß, gelb, braun, orange oder violett sein können. Die Innenseite ist meistens rötlich oder gelblich getönt. Die Schale ist kräftig, das Hinterende leicht zugespitzt, das vordere abgerundet. Die Muschel liegt auf der rechten Klappe wenige Zentimeter tief im Meeresboden eingegraben. Über zwei Siphonen wird Meerwasser ein- bzw. ausgestrudelt, dabei werden Nahrungspartikel herausgefiltert.
Die Schreibweise „*balthica*“ ist nach den Regeln der zoologischen Nomenklatur übrigens dem in der Literatur verbreiteten Namen „*baltica*“ vorzuziehen.
Häufigkeit: sehr häufig.

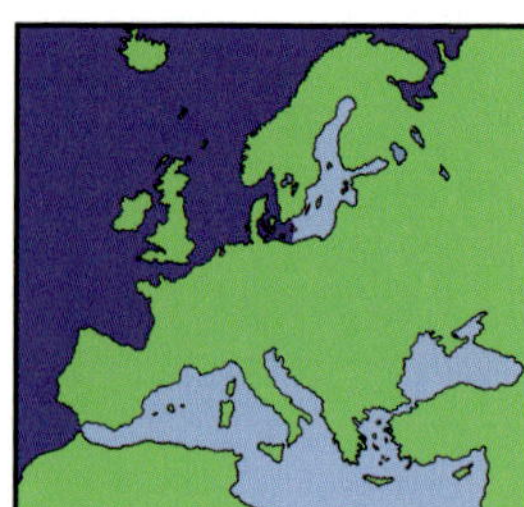

Große Pfeffermuschel: *Scrobicularia plana*

Größe: bis 6 cm.
Verbreitung: Mittelmeer, Atlantik, Nordsee, westliche Ostsee.
Wissenswertes: Die Große Pfeffermuschel ist dünnschalig und somit sehr zerbrechlich. Ihre Schale ist weiß mit einigen konzentrischen dunklen Streifen, die bei angespülten Exemplaren oft verblasst sind. Der Wirbel sitzt etwa in der Mitte der Klappe. Die Mantelbucht ist groß. Das Schloss der linken Klappe besitzt einen kräftigen Zahn, das der rechten zwei.
Die Pfeffermuschel lebt etwa 15 bis 20 cm tief im Sediment vergraben. Mit ihren langen Siphonen sucht sie den Meeresgrund nach Nahrungspartikeln ab und hinterläßt dabei charakteristische, sternförmige Spuren auf der Sedimentoberfläche. Die Große Pfeffermuschel ist essbar.
Häufigkeit: regelmäßig zu finden.

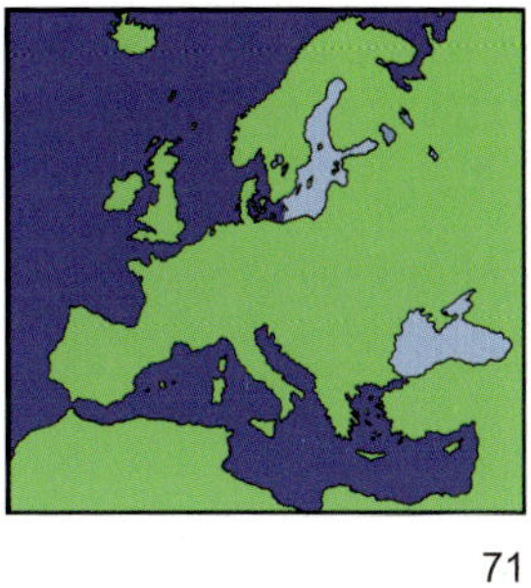

Strahlenkörbchen: *Mactra stultorum*

Größe: bis 6 cm.
Verbreitung: Atlantik, Nordsee.
Wissenswertes: Die Muschel ist relativ stark gewölbt und aufgrund der dünnen Schale leicht zerbrechlich. Ein deutliches Kennzeichen ist ein Muster aus hellbraunen bis rötlichen konzentrischen Ringen und Längsstreifen. Diese Strahlen gaben der Muschel ihren Namen. Bei Exemplaren, die schon länger im Meer treiben, verblassen sie jedoch. Die Innenseite ist meist leicht violett gefärbt.
In der Literatur werden bisweilen die Arten *M. corallina* und *M. cinerea* beschrieben, die aber nach neueren Erkenntnissen nur Synonyme von *M. stultorum* darstellen.
Häufigkeit: regelmäßig zu finden.

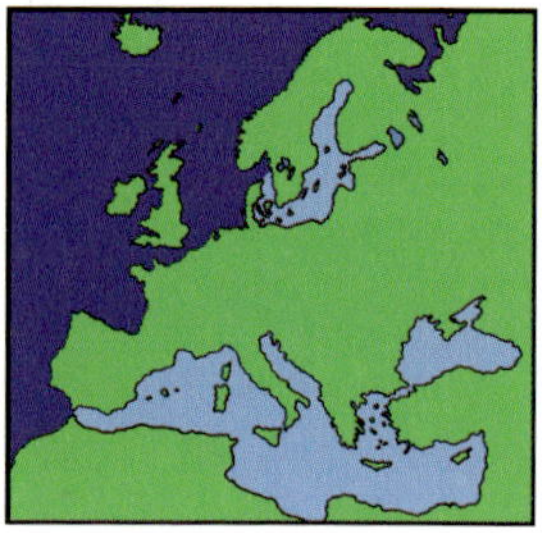

Platte Tellmuschel: *Angulus tenuis*

Größe: bis 2,5 cm.
Verbreitung: Mittelmeer, Atlantik, Nordsee.
Wissenswertes: Die Platte Tellmuschel oder Zarte Plattmuschel besitzt eine sehr dünne, zerbrechliche Schale. Ihre Farbe variiert zwischen weiß, gelb und rosa mit zarten konzentrischen Streifen. Exemplare, die lange im Schlick liegen, verfärben sich grau-blau. Im Umriss sind die Klappen schief dreieckig. Das Hinterende ist leicht zugespitzt. Ein mehr oder weniger deutlicher Kiel verläuft vom Wirbel zum Hinterrand der Klappe. Auf der Innenseite ist eine tiefe Mantelbucht erkennbar.
Die Muschel lebt einige Zentimeter tief in sandigen Sedimenten vergraben.
Häufigkeit: regelmäßig zu finden.

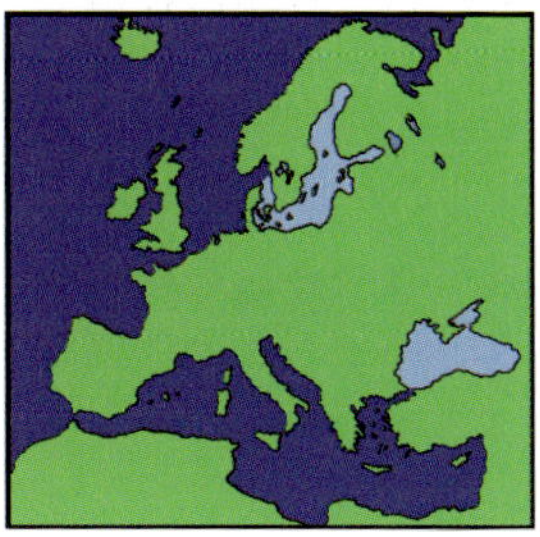

Gerippte Tellmuschel: *Fabulina fabula*

Größe: bis 2 cm.
Verbreitung: Mittelmeer, Atlantik, Nordsee.
Wissenswertes: Die Schale der Gerippten Tellmuschel ist im Umriss angenähert eiförmig. Der Wirbel befindet sich etwa in der Schalenmitte. Das hintere Ende ist deutlich zugespitzt und bei beiden Klappen leicht nach rechts verbogen. Man erkennt dies am besten, wenn man die Muschel mit dem Wirbel nach oben und dem spitzen Ende nach hinten betrachtet. Eine weitere Besonderheit ist eine feine Kreuzrippung der rechten Klappe (mit dem Fingernagel prüfen).

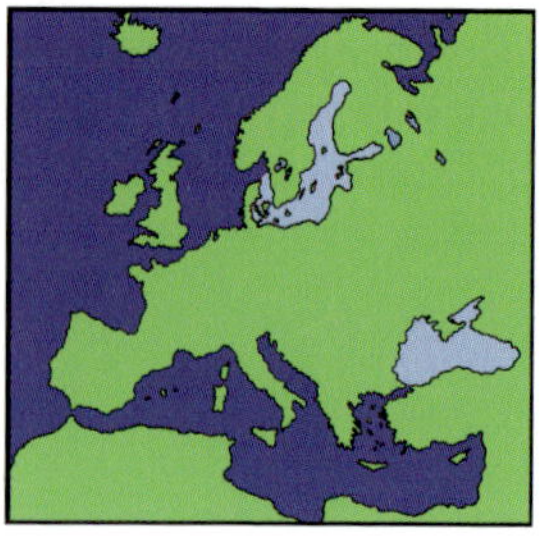

Fabulina fabula liegt wenige Zentimeter tief im Sediment vergraben, und zwar auf der linken Seite. Die ausgestreckten Siphonen sind zur Sedimentoberfläche gerichtet und lenken die Klappen nach rechts (oben) aus. Die Muschel ist Nahrungsgrundlage vieler Plattfische.
Häufigkeit: regelmäßig zu finden.

Gedrungene Trogmuschel: *Spisula subtruncata*

Größe: bis 3 cm.
Verbreitung: Schwarzes Meer, Mittelmeer, Atlantik, Nordsee.
Wissenswertes: Die Schalen der Gedrungenen Trogmuschel sind kräftig, stark gewölbt, meist weiß bis gelblich gefärbt und im Umriss nahezu dreieckig. Die Außenseite trägt konzentrische Anwachsstreifen. Auf der Schaleninnenseite ist eine deutliche Mantelbucht erkennbar. Das Schloss besteht aus kräftigen Haupt- und Nebenzähnen, die bei der rechten und linken Klappe unterschiedlich ausgebildet sind. *Spisula solida* lebt in sandigem Untergrund, tritt gelegentlich in hoher Bestandsdichte auf. Wird sie von Feinden, z. B. Raubschnecken, angegriffen, kann sie sich durch weite Sprünge mit dem Fuß in Sicherheit bringen.
Häufigkeit: regelmäßig zu finden.

Dickschalige Trogmuschel: *Spisula solida*

Größe: bis 5 cm.
Verbreitung: Atlantik, Nordsee.
Wissenswertes: Schale im Umriss oval, kräftig, cremefarben bis gelb mit deutlicher Farbstreifung und konzentrischen Anwachslinien. Der Wirbel liegt median, beide Klappen sind deutlich gewölbt. Das Schloss der rechten Klappe trägt zwei kräftige Haupt- und je zwei vordere und hintere Nebenzähne. Bei der linken Klappe sind drei Haupt- und je ein Nebenzahn ausgebildet. Die Mantelbucht ist groß.
Die Muschel lebt eingegraben in sandigen Substraten, wird gerne von Plattfischen gefressen.
Häufigkeit: häufig.

Islandmuschel: *Arctica islandica*

Größe: bis 12 cm.
Verbreitung: Mittelmeer, Atlantik, Nordsee, westliche Ostsee.
Wissenswertes: Die Schale ist sehr dick, stark gewölbt, rundlich und mit konzentrischen Anwachslinien versehen. Frische Schalen tragen ein fast schwarzes Periostrakum, das in der Brandung schnell abblättert. Das Schloss ist kräftig, besitzt drei Hauptzähne und einen Nebenzahn. Der vordere und der hintere Schließmuskelabdruck sind nahezu gleich groß. Eine Mantelbucht ist nicht vorhanden. Die Muschel lebt auf großem Fuß.
Die Islandmuschel ist essbar, wird aber nicht kommerziell gefischt. Man kennt dieselbe Art schon aus dem Holsteiner Gestein des Miozäns mit einem Alter von über 20 Millionen Jahren.
Häufigkeit: nicht häufig.

Kleine Teppichmuschel: *Venerupis pullastra*

Größe: bis 6 cm.
Verbreitung: Mittelmeer, Atlantik, Nordsee.
Wissenswertes: Die Kleine oder Getupfte Teppichmuschel ist hellgelb, orange bis bräunlich-violett gefärbt, zeigt manchmal ein charakteristisches Zickzack-Muster. Die Schale ist dick und trägt feine konzentrische und radiale Rippen. Der Wirbel liegt weit in der vorderen Schalenhälfte. Das Schloss hat drei kräftige Zähne. Die Mantelbucht ist tief eingeschnitten, mindestens doppelt so lang wie breit. Mit diesem Merkmal kann man *Venerupis pullastra* von ähnlichen Arten unterscheiden.

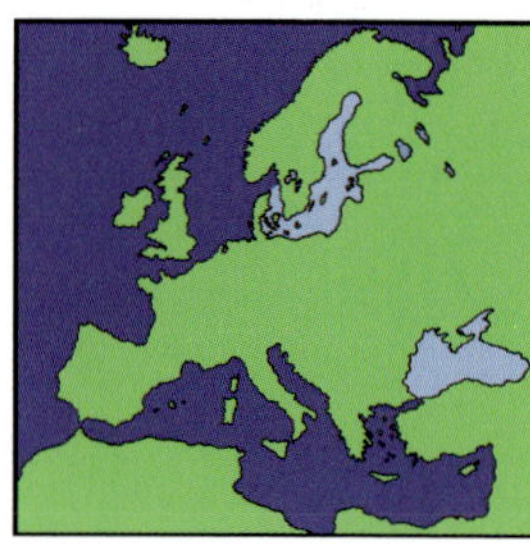

Die Kleine Teppichmuschel lebt einige Zentimeter tief im Sediment, kann sich dort mit ihren Byssusfäden an Steinen oder Molluskenschalen zusätzlich verankern. Um das Eingraben zu erleichtern, kann sie einen Wasserstrahl nach unten ausstoßen.
Häufigkeit: regelmäßig zu finden.

Elliptische Astarte: *Astarte elliptica*

Größe: bis 3 cm.
Verbreitung: Atlantik, Nordsee, westliche Ostsee.
Wissenswertes: *Astarte elliptica* zeichnet sich durch besonders grobe, konzentrische Rippen aus. Sie besitzt ein dunkelbraunes Periostracum. Das Schloss besteht aus kräftigen Schlosszähnen. Der Wirbel liegt vor der Schalenmitte, im Bild ist also eine rechte Klappe abgebildet. Auf der Schaleninnenseite sind zwei gleich große Schließmuskelabdrücke erkennbar. Eine Mantelbucht ist nicht vorhanden. *Astarte elliptica* lebt flach im Sediment eingegraben.
Astarte ist übrigens die Göttin der Fruchtbarkeit bei Hebräern und Kanaanitern, wurde bei den Ägyptern auch als Göttin des Krieges verehrt.
Häufigkeit: selten.

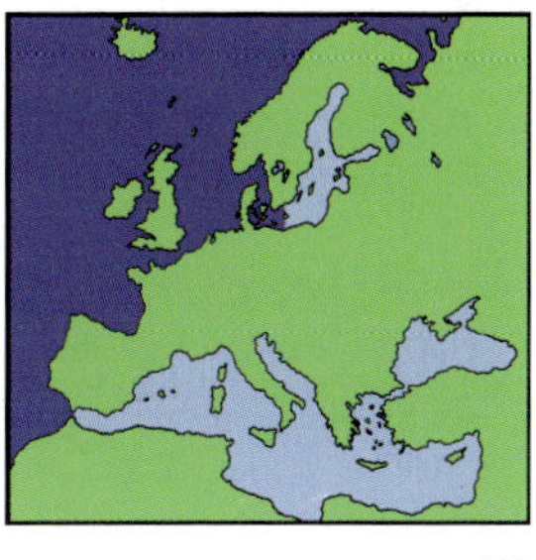

Sägezähnchen: *Donax vittatus*

Größe: bis 3 cm.
Verbreitung: Atlantik, Nordsee.
Wissenswertes: Die Schale ist im Umriss dreieckig, daher rührt auch der Name „Dreiecksmuschel". Ihre Farbe variiert von weiß über gelb-braun bis rötlich, ist manchmal radial gestreift. Innen ist die Schale violett gefärbt. Die hintere Schalenhälfte ist schräg abgestutzt. Die vordere Schalenhälfte ist länger als die hintere. Der Schalenrand ist gezähnt (mit dem Fingernagel den Schalenrand abtasten). Die Muschel kann mit Hilfe des Fußes kurze Sprünge machen.
Donax trunculus wird in Italien unter der Bezeichnung „cazonéllo" gegessen.
Häufigkeit: häufig.

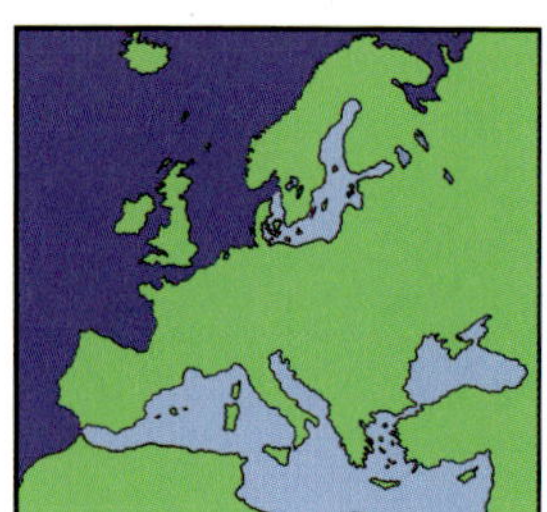

Amerikanische Scheidenmuschel: *Ensis directus*

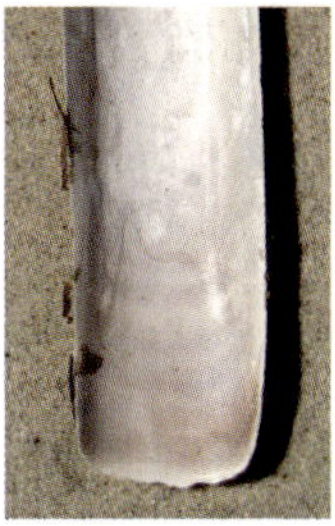

Größe: bis 17 cm.
Verbreitung: Atlantik, Nordsee.
Wissenswertes: Die Schale von *Ensis directus* ist langgestreckt, schwach gebogen und mit einem gelbgrünen Periostrakum überzogen. Der Wirbel liegt fast am Vorderende der Schale. Die Klappen klaffen deutlich. Die Mantelbucht zeigt eine charakteristische Spitze, die in Richtung Schließmuskelabdruck weist.
Die Art wurde 1978 in Larvenform mit Ballastwasser aus Amerika in die Deutsche Bucht eingeschleppt. Von dort aus hat sie sich mit rasender Geschwindigkeit ausgebreitet und die einheimische Art *E siliqua* verdrängt. *E. directus* wächst mit 5 mm pro Monat sehr schnell.
Häufigkeit: sehr häufig.

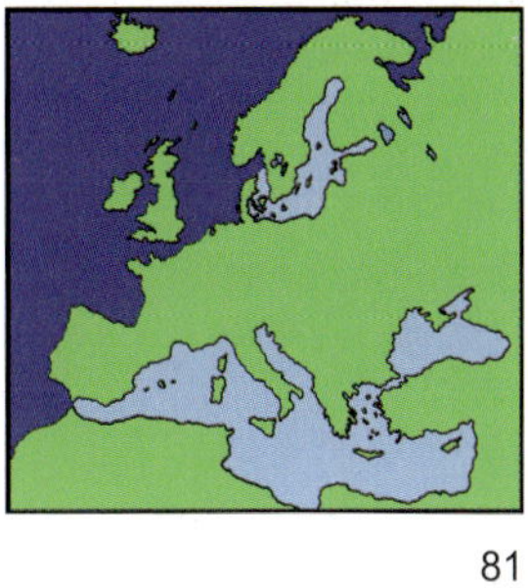

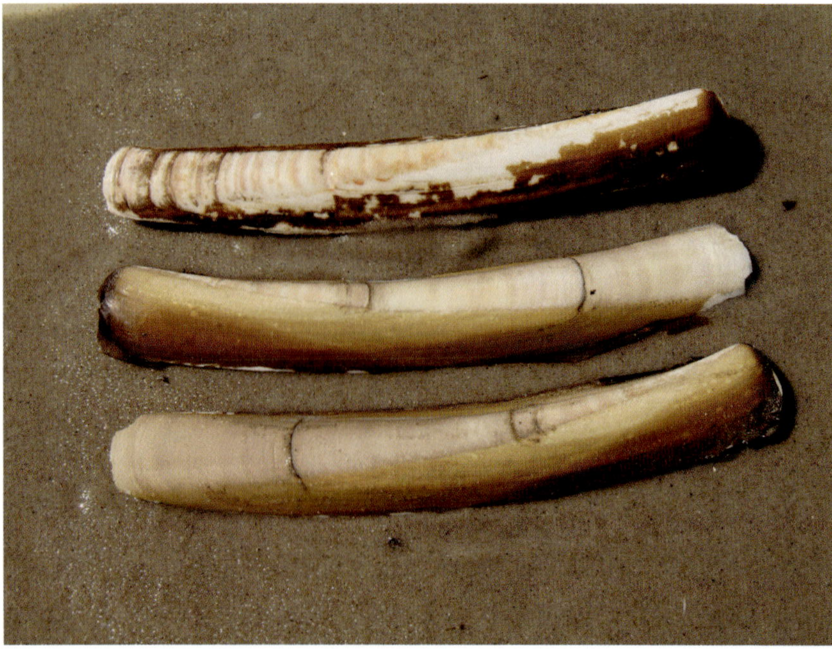

Schwertmuschel: *Ensis ensis*

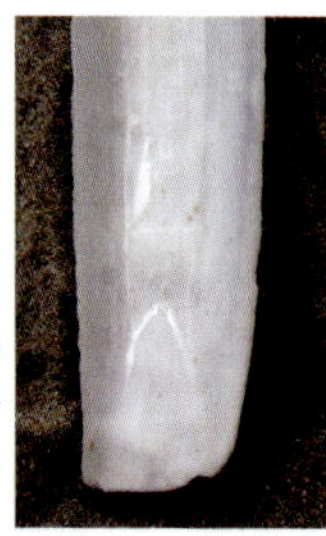

Größe: bis 13 cm.
Verbreitung: Atlantik, Nordsee, westliche Ostsee.
Wissenswertes: Ähnelt sehr der vorigen Art *E directus*, kann am besten durch den Verlauf der Mantellinie unterschieden werden. Sie verläuft bei *E. ensis* zwar stark gebogen, aber zeigt niemals die typische Spitze von *E. directus*. Funde, die vor 1978 an europäischen Küsten gemacht wurden, dürften ebenfalls zu dieser Art gehören. Wie bei allen *Ensis*-Arten verläuft quer über die Schale ein rosa-grau-braunes, quergestreiftes Dreieck, das oberhalb der Diagonallinie zwischen Wirbel und hinterem Schalenende liegt.
Alle Scheidenmuscheln stecken senkrecht im Sediment, das Hinterende nach oben gerichtet.
Häufigkeit: selten.

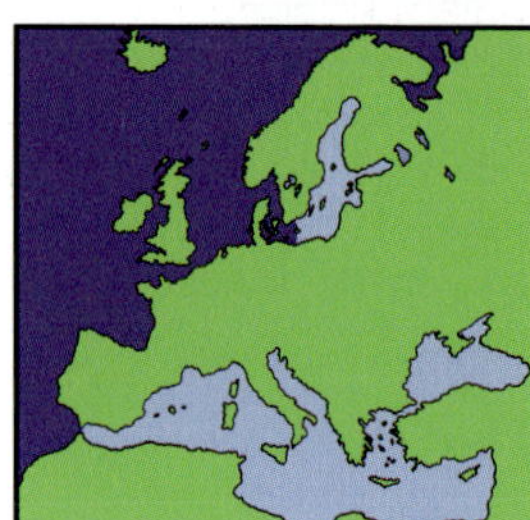

Schotenmuschel: *Ensis siliqua*

Größe: bis 25 cm.
Verbreitung: Atlantik, Nordsee, westliche Ostsee.
Wissenswertes: Die Schale ist kaum merklich gebogen und dadurch von *E. ensis* und *E. directus* gut zu unterscheiden. Die Schalenkrümmung kann man am leichtesten erkennen, wenn man die Schale mit der Schlossseite an eine Tischkante legt. Bei *E. siliqua* ist kaum eine Lücke erkennbar, während die anderen Arten eine deutlich Biegung zeigen. Die Mantellinie auf der Schaleninnenseite ist einfach gebogen.
Die Art war noch vor 30 Jahren die häufigste Schwertmuschel an der deutschen Nordseeküste, ist inzwischen von der eingewanderten *E. directus* nahezu vollständig verdrängt worden.
Häufigkeit: selten.

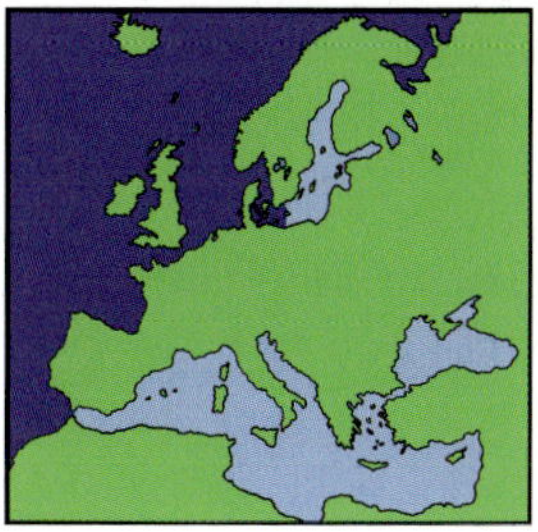

Bunte Kammmuschel: *Chlamys varia*

Größe: bis 7 cm.
Verbreitung: Mittelmeer, Atlantik, Nordsee.
Wissenswertes: In der Nordsee kommen vier Arten der Kammmuscheln vor, die hier allesamt nicht sehr häufig sind. Die Bunte Kammmuschel ist violett, grau oder bräunlich gefärbt. Die Schale zeigt 30 bis 40 deutliche, leicht gezahnte Längsrippen. Beide Schalenhälften sind etwa gleich, nur das vordere Ohr ist deutlich größer als das hintere.
Die Bunte Kammmuschel liegt meist mit leicht geöffneten Schalen auf dem Sediment, kann aber auch mit Byssusfäden am Untergrund festgeheftet sein. Sie lebt vom Flachwasser bis in Tiefen von mehr als 1000 Metern. Bei lebenden Exemplaren kann man viele kleine schwarze Augen am Mantelrand erkennen.
Häufigkeit: selten.

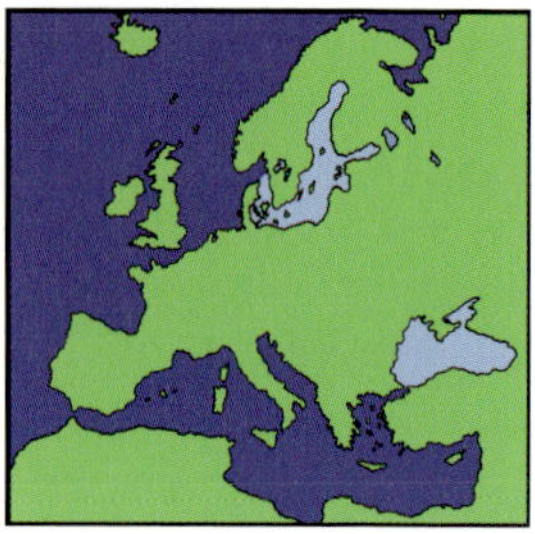

Europäische Auster: *Ostraea edulis*

Größe: bis 15 cm.
Verbreitung: Atlantik, Nordsee
Wissenswertes: Die rechte Schalenklappe ist mehr oder weniger rund im Umriss, violett-grau gefärbt, deutlich gewölbt, unregelmäßig gerippt und stark schuppig. Die Auster ist mit der flachen linken Klappe (im Bild unten rechts) am Untergrund festgewachsen. Sie lebt in 1 - 7 m Wassertiefe. Austern sind Zwitter, wechseln im Laufe ihres Lebens immer wieder das Geschlecht. Weibchen produzieren bei Temperaturen von 15 - 17 °C bis zu 2 Millionen Eier.
Die einst großen Austernbestände im Wattenmeer sind durch Überfischung stark dezimiert worden. Austern werden roh mit Zitrone beträufelt und geschlürft. Sie waren schon in der Steinzeit eine beliebte Nahrungsquelle.
Häufigkeit: häufig.

Portugiesische Auster: *Crassostraea gigas*

Größe: bis 30cm.
Verbreitung: Mittelmeer, Atlantik, Nordsee.
Wissenswertes: Die Portugiesische oder auch Pazifische Auster wird wesentlich größer als die heimische *Ostraea edulis*. Die Art stammt ursprünglich aus Japan, wird in den Niederlanden und auch vor den Küsten Sylts als Delikatesse gezüchtet. Inzwischen haben ihre Larven aber die Netze der Zuchtstationen überwunden und die Auster ist regelmäßig in der Nordsee anzutreffen. Die Schale ist längsoval und besitzt 6 - 8 kräftige Rippen. Der Schalenrand ist dadurch tief eingekerbt.
Häufigkeit: eher selten.

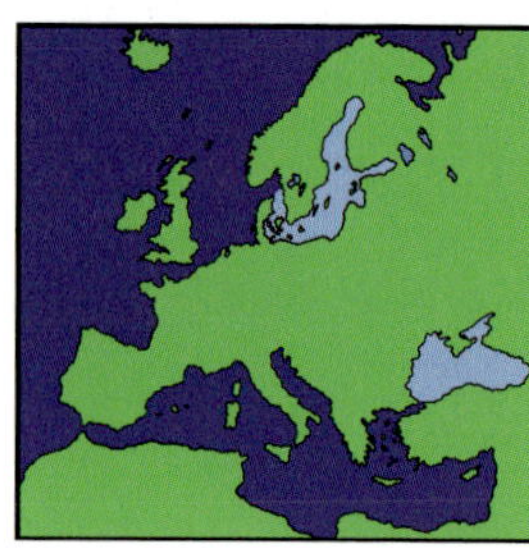

Sattelmuschel: *Anomia ephippium*

Größe: bis 6 cm.
Verbreitung: Mittelmeer, Atlantik, Nordsee.
Wissenswertes: Die Schalen sind unregelmäßig bis rund um Umriss und gelblich bis braun gefärbt. Die linke (obere) Klappe ist unregelmäßig gewölbt, mit 3 Muskeleindrücken (siehe Bild oben rechts). Die rechte (untere) Klappe ist +/- eben und besitzt ein Loch. Hier treten die Byssusfäden aus, mit denen die Muschel sich am Untergrund anheftet. *Anomia* lebt auf Steinen, aber auch auf anderen Muschelschalen oder Schneckengehäusen. Ihre Oberseite ist häufig mit kalkigen Wurmröhren und anderen Epizoen bewachsen, so dass eine perfekte Tarnung gegeben ist.
Häufigkeit: regelmäßig zu finden.

EINFÜHRUNG: Schnecken

Schnecken: Gastropoda

Einführung: Schnecken gehören wie die Muscheln zu den Weichtieren. Sie besitzen ein spiralig eingerolltes, in der Regel rechtsgewundenes Gehäuse aus Kalk. Hält man die Schnecke mit der Gehäusespitze nach oben und blickt auf die Mündung, dann kann man die Windungsrichtung erkennen. Sehr selten und deshalb begehrte Sammlungsobjekte sind 'Schneckenkönige', bei denen die Mündung bei sonst rechtsgewundenen Exemplaren auf der linken Seite liegt. Nur bei wenigen Arten, die in der Brandungszone leben (Napfschnecken, Pantoffelschnecken, S. 101), ist das Gehäuse zu einer mützenförmigen Schale reduziert. Nacktschnecken haben gar kein Gehäuse mehr. Ist die zentrale Achse oder Spindel hohl, kann man an der Basis als Öffnung den Nabel erkennen (Bild unten mitte). Manche Schnecken besitzen Siphonen, die der Ernährung und der Atmung dienen. Bei diesen Arten ist die Mündung nach unten kanalförmig geschlitzt oder verlängert. Bei Gefahr kann sich die Schnecke in ihr Gehäuse zurückziehen. Einige Arten können es zusätzlich mit einem Deckel (Operculum) verschließen, was auch einen Schutz vor Austrocknung darstellt. Schnecken leben auf großem Fuß, der mit peristaltischen Bewegungen der Fortbewegung dient.

Rändel-Käferschnecke: *Leptochiton cinerea*

Größe: bis 2,5 cm.
Verbreitung: Mittelmeer, Atlantik, Nordsee, westliche Ostsee.
Wissenswertes: Käferschnecken besitzen 8 Mantelplatten, die bei der Rändel-Käferschnecke leicht gebogen sind (die ähnliche Art *L. asellus* besitzt rechteckige Platten). Der Gürtel, der außen um die Mantelplatten verläuft, ist relativ breit. Lebende Tiere sind grünlich gefärbt.
Die Käferschnecke weidet Algen von Hartgründen (Steinen, Muschelschalen, etc.) ab, bevorzugt dabei Rotalgen. Bei Ebbe saugt sie sich sehr fest an den Untergrund, ist von dort nicht verletzungsfrei zu entfernen. *Leptochiton cinerea* kommt vor allem in Prielen vor, hier oft auf der Innenseite leerer Muschelschalen. Sie ist die häufigste Käferschnecke unserer Breiten.
Häufigkeit: selten.

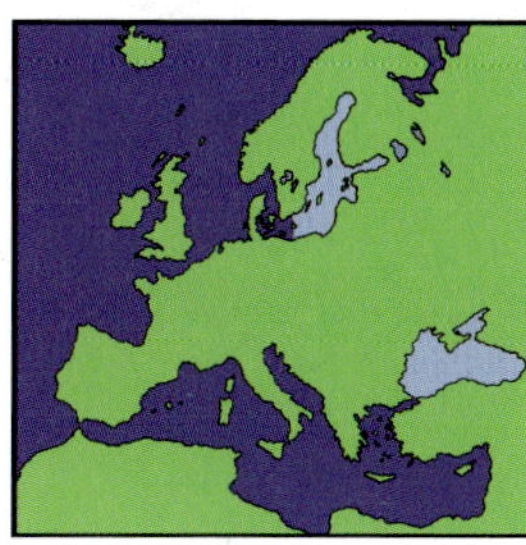

Wellhornschnecke: *Buccinum undatum*

Größe: bis 11 cm hoch.
Verbreitung: Atlantik, Nordsee, westliche Ostsee bis Mecklenburger Bucht.
Wissenswertes: Die Wellhornschnecke lebt im Brackwasser bis 14 Promille Salzgehalt. Sie kommt auf steinigem, sandigem oder Schlickboden ab wenigen Metern Wassertiefe vor, ist noch in 1000 Meter Wassertiefe beobachtet worden. Der Sipho („Rüssel") kann die mehrfache Körperlänge des Tieres erreichen. Die Schnecke lebt räuberisch oder von Aas. Eine erbeutete Herzmuschel wird in einer Viertelstunde vertilgt. Der Sipho kann zwischen die Schalen größerer Muscheln geschoben werden, die Beute so gefressen werden. Die Schnecke wird als Köder beim Dorschfang eingesetzt. Sie ist essbar. *Buccinum undatum* wird bis zu 7 Jahre alt.
Häufigkeit: häufig.

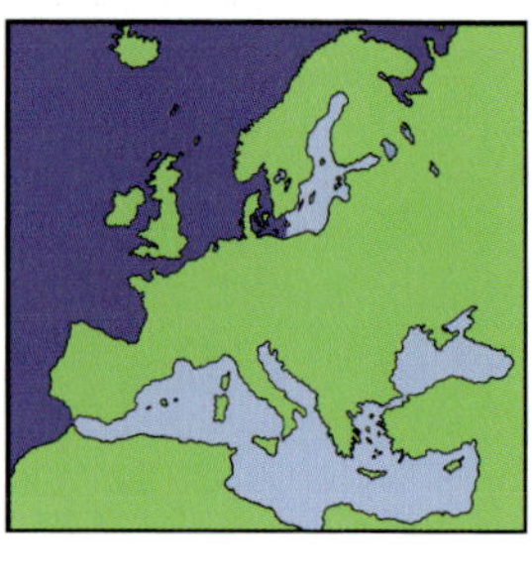

Laichballen der Wellhornschnecke

Größe: bis > 10 cm.
Verbreitung: Atlantik, Nordsee, westliche Ostsee.
Wissenswertes: Die kleinen, flachen, gelblichen Eikapseln werden in großen Klumpen an Steinen, Muschelschalen und sogar Krebspanzern abgelegt. Jede Kapsel enthält bis zu 1000 Eier, ein Laichballen bis zu 200.000 Eier. Die leeren Laichballen werden häufig am Strand angespült. Sie werden von Fischern zum Reinigen der Hände verwendet („Seeseifenkugeln"). In England wurden zerriebene Laichballen früher von Kindern als Juckpulver benutzt.
Häufigkeit: häufig.

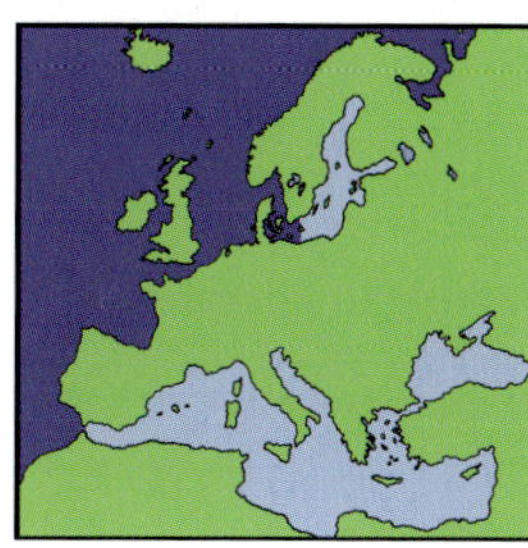

Strandschnecke: *Littorina littorea*

Größe: bis 3 cm.
Verbreitung: Mittelmeer, Atlantik, Nordsee, westliche Ostsee.
Wissenswertes: Die gemeine oder spitze Strandschnecke ist die häufigste Schnecken-Art der Nord- und Ostsee. Das Gehäuse ist spitz kegelförmig und lässt bis zu sieben Windungen erkennen. Die Schnecke ist grau-braun gefärbt und zeigt eine dezente helle Spiralbänderung. Die Mündung ist schief oval, oben zugespitzt, und schmiegt sich sanft an das Gehäuse an.
Die Strandschnecke weidet vorwiegend Algen von steinigen Untergründen ab, kommt aber auch auf Sandböden vor. Sie kann bis zu 2,5 Meter in der Stunde zurücklegen und erreicht eine Individuendichte von mehreren hundert Exemplaren pro Quadratmeter. Die Strandschnecke verträgt ein längeres Trockenfallen, kann tagelang außerhalb des Wassers überleben.
Häufigkeit: sehr häufig.

Netzreusenschnecke: *Hinia reticulata*

Größe: bis 3 cm.
Verbreitung: Mittelmeer, Atlantik, Nordsee, westliche Ostsee.
Wissenswertes: Das Gehäuse der Netzreusenschnecke ist durch eine gitteratige Schalenskulptur gekennzeichnet. Die Windungen sind schwach gewölbt, die Naht zwischen den Windungen ist flach. Die Siphonalrinne ist kurz und verläuft leicht schräg. Der Mündungsrand ist leicht verdickt und innen gezähnt. Das Gehäuse ist gelb bis braun gefärbt, verblichen rosa bis weiß.

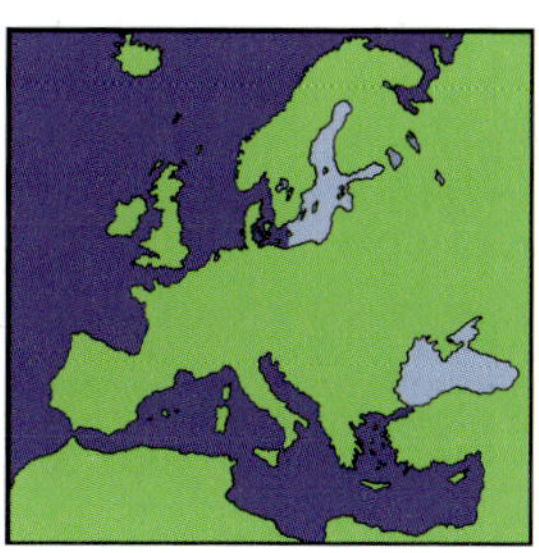

Die Schnecke lebt flach im Sediment vergraben, strudelt über den Sipho frisches Atemwasser ein und spürt so auch Beute auf. Bei Gefahr kann sie sich mit dem Fuß ruckartig um die eigene Längs-Achse drehen und durch mehrere 'Überschläge' in Sicherheit bringen.
Hinia (früher „*Nassa*") *reticulata* ernährt sich von lebenden Würmern und Mollusken, frisst aber auch Aas.
Häufigkeit: eher selten, nur stellenweise häufiger zu finden.

Wattschnecke: *Hydrobia ulvae*

Größe: bis 0,8 cm.
Verbreitung: Atlantik, Nordsee, Ostsee bis 1,5 Promille Salzgehalt.
Wissenswertes: Das Gehäuse besitzt 6 - 7 nur wenig gewölbte Umgänge, die Naht zwischen den Windungen ist flach. Die Wattschnecke lebt auf Sand und Schlick, tritt häufig in großer Dichte auf. Sie weidet die Sedimentoberfläche ab und frisst kleine Grünalgen und Diatomeen (Kieselalgen). Ihre Weidespuren sind im feuchten Watt über weite Strecken zu verfolgen (vgl. S. 137).
In kleinen Gezeitentümpeln, hinter Rippelmarken im Watt oder am Strand können angespülte Gehäuse in Zentimeter dicken Schichten vorkommen.
Häufigkeit: häufig.

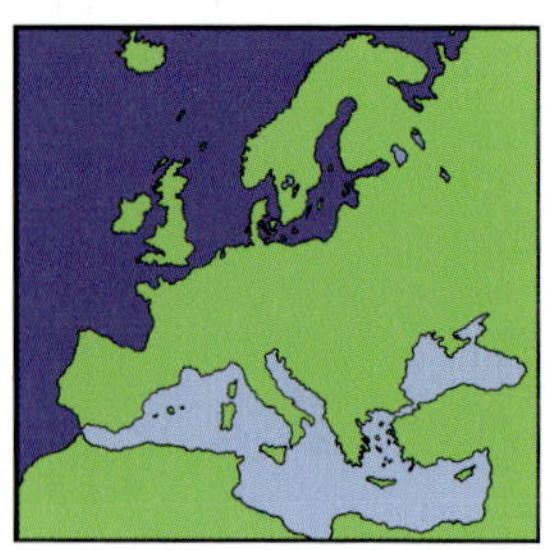

Kopfschildschnecke: *Retusa obtusa*

Größe: bis 0,8 cm.
Verbreitung: Nordsee, westliche Ostsee.
Wissenswertes: In den Niederlanden heißt die Schnecke 'O(u)bliehoren', worunter man dort eine gerollte Eiswaffel versteht. Das Gehäuse besitzt 5 - 6 Windungen, die letzte ist viel größer als die vorigen. Die Mündung nimmt 90 % der gesamten Körperlänge ein. Die Farbe ist gelbweiß. *Retusa obtusa* ernährt sich u.a. von Wattschnecken.
Häufigkeit: regelmäßig zu finden.

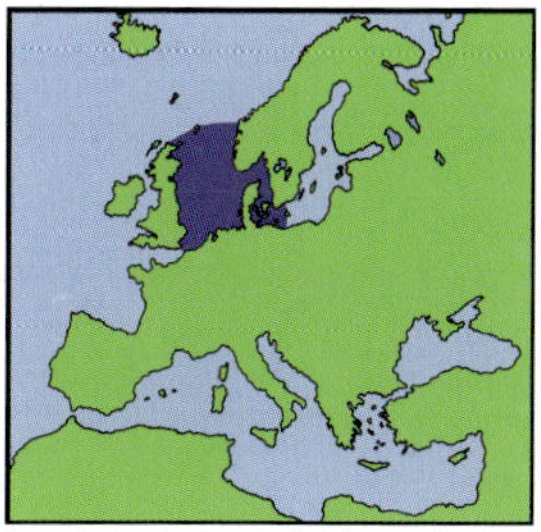

Pelikanfuß: *Apporhais pespelecani*

Größe: bis 4,5 cm.
Verbreitung: Mittelmeer, Atlantik, Nordsee.
Wissenswertes: Das Gehäuse ist gelblich, graubraun bis schwarz. Die Windungen sind kräftig skulpturiert. Die Siphonalrinne ist kurz und spitz. Charakteristisch sind die fingerartigen Fortsätze, die jungen Exemplaren jedoch noch fehlen.
Der Pelikanfuß lebt eingegraben im Sediment und filtert Sauerstoff und Nahrungspartikel aus dem Wasser. Da er nicht wie viele seiner Artgenossen auf dem Boden umherkriecht, spricht man auch von einer hemisessilen (halb-festsitzenden) Lebensweise.
Häufigkeit: selten.

Turmschnecke: *Turritella communis*

Größe: bis 5 cm.
Verbreitung: Mittelmeer, Atlantik, Nordsee, westliche Ostsee.
Wissenswertes: Auffallend ist das lange, sehr schlanke Gehäuse, das aus 16 bis 20 Windungen besteht. Die Oberfläche ist spiralförmig fein gestreift. Die Windungen sind nur mäßig gewölbt. Die Mündung ist nahezu kreisförmig. Das Gehäuse lebender Tiere ist gelblich bis rotbraun gefärbt.
Turmschnecken leben in tieferem Wasser zwischen 10 und 200 Metern. Aus diesem Grund sind sie im Spülsaum auch relativ selten, können nur nach einem Sturm häufiger gefunden werden. Sie stecken in flachem Winkel in schlammigem Sediment und filtern Nahrungspartikel aus dem Wasser.
Häufigkeit: selten.

Unechte oder Gemeine Wendeltreppe: *Epitonium (Clathrus) clathrus*

Größe: bis 4 cm.
Verbreitung: Mittelmeer, Atlantik, Nordsee.
Wissenswertes: Das Gehäuse ist schlank und hoch gewendelt. Die Umgänge sind bauchig und glatt. Besonders auffällig sind die deutlich abgesetzten, kräftigen Radialrippen, die leicht diagonal von der Gehäusespitze über die Windungen bis zur Mündung verlaufen. Die Farbe der Gehäuse variiert von fleischfarben bis rosa bei frischen Exemplaren, später über weiß bis hin zu beige-braun bei angespülten Funden. Über die Rippen verlaufen drei dunkle Farbstreifen, die aber schnell verblassen. Die Mündung ist kreisrund. Wendeltreppen leben auf sandigem und schlammigen Grund, in Tiefen zwischen 15 und 70 Metern.
Häufigkeit: selten.

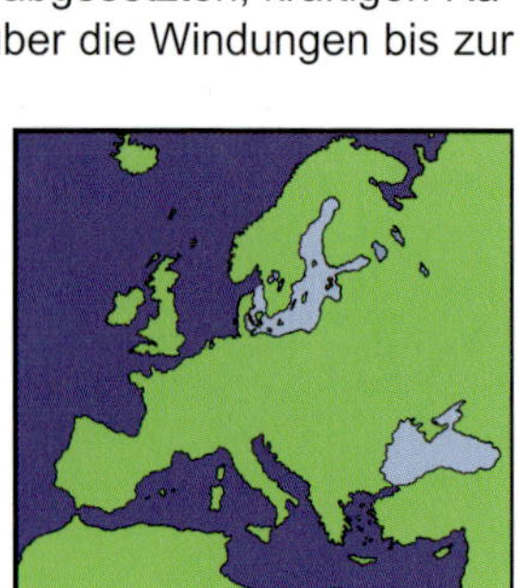

Nadelschnecke, Netzhörnchen, Mäusedreck: *Bittium reticulatum*

Größe: bis 1,2 cm.
Verbreitung: Mittelmeer, Atlantik, Nordsee, westliche Ostsee.
Wissenswertes: Die kleinen Schnecken sind in der Regel zwischen 5 und 10 mm groß und kommen manchmal in hoher Besiedlungsdichte vor. Auch werden sie manchmal in Gezeitentümpeln zusammengeschwemmt. Das gelbliche bis braune Gehäuse ist sehr schlank. Die 9 - 10 Windungen tragen eine feine, gitterartige und mit winzigen Knötchen verzierte Skulptur. Die Mündung ist leicht längsoval.
Die Schnecke lebt auf sandigem Grund in Seegraswiesen, an Felsen oder auf Braunalgen (*Fucus*). Sie ernährt sich vorwiegend von Kieselalgen.
Häufigkeit: nur stellenweise häufig.

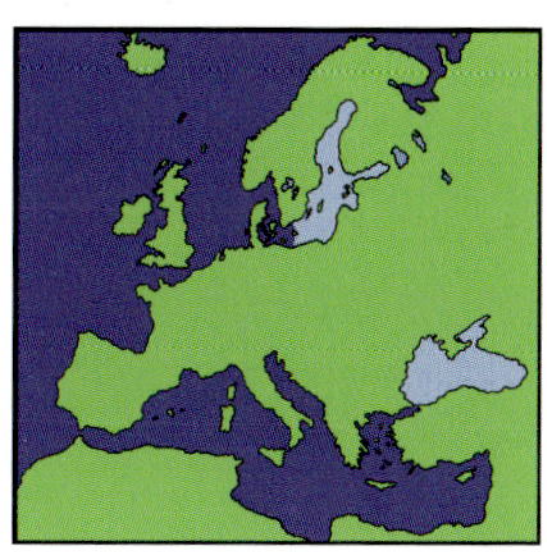

Gefleckte Nabelschnecke: *Lunatia catena*

Größe: bis 4 cm.
Verbreitung: Mittelmeer, Atlantik, Nordsee, westliche Ostsee.
Wissenswertes: Das Gehäuse ist beinahe kugelförmig, die Umgänge sind flach. Die letzte Windung ist stark aufgebläht. Die Mündung ist ganzrandig und halbkreisförmig im Umriss. Deutlich ist der Nabel zu erkennen (siehe Exemplar in der Bildmitte). Charakteristisch ist ein Band aus dunklen Flecken, das dicht an der Nahtlinie zwischen zwei Windungen entlangläuft. Dieses Merkmal führte auch zu dem Namen Halsband-Mondschnecke.
Um sich vor Seesternen zu schützen, kann die Schnecke eine Mantelfalte wie eine Kapuze über das Gehäuse stülpen. Auf diesem finden die Füße des Feindes keinen Halt und die Schnecke kann sich dem Angriff durch Flucht entziehen.
Häufigkeit: selten.

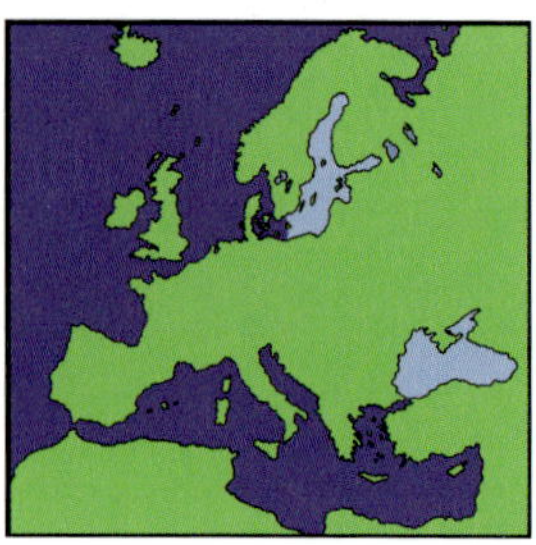

Glänzende Nabelschnecke: *Lunatia alderi*

Größe: bis 1,5 cm.
Verbreitung: Mittelmeer, Atlantik, Nordsee, westliche Ostsee.
Wissenswertes: Die Art ist der vorigen *Lunatia catena* sehr ähnlich. Das Gehäuse ist etwas dickschaliger, bleibt kleiner. Die Mündung ist weniger stark gebläht. Besonders typisch ist das Farbmuster, das aus mehreren Reihen dunkler, hakenförmiger Flecken besteht.
Die Arten *Polinices pulchellus, Lunatia nitida* und *L. poliana* sind Synonme dieser Art.
Nabelschnecken leben räuberisch, bohren mit ihrer Raspelzunge kleine, kreisrunde Löcher in die Schalen ihrer Beutetiere (Muscheln und Schnecken; s. S. 152). Um eine 0,1 mm dicke Muschelschale zu durchbohren, braucht die Schnecke etwa 4 Stunden.
Häufigkeit: selten.

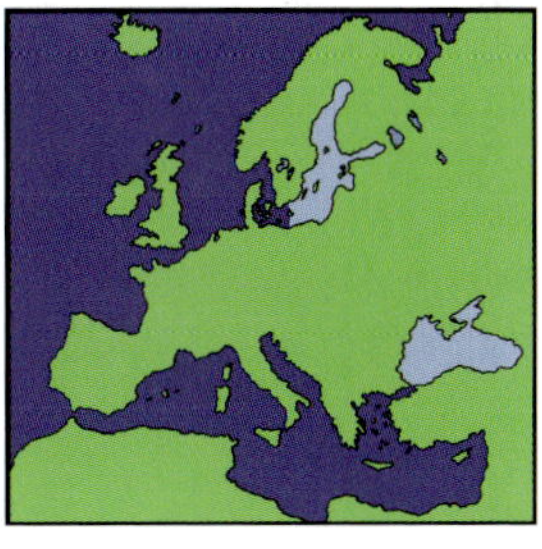

Nordische Purpurschnecke: *Nucella lapillus*

Größe: bis 4 cm.
Verbreitung: Atlantik, Nordsee.
Wissenswertes: Die Schnecke ist auch unter dem Namen „Steinchen" bekannt. Das Gehäuse ist dickschalig. Seine Farbe hängt dabei von der Nahrung des Tieres ab. *Nucella lapidus* lebt räuberisch: Sie bohrt mit Hilfe ihrer Radula die Schale ihrer Beutetiere an, benötigt für die 0,1 mm dicke Miesmuschelschale etwa 7 Stunden. Miesmuschelkost führt zu einer gelben Färbung des Gehäuses. Auch Seepocken werden als Nahrung nicht verschmäht.

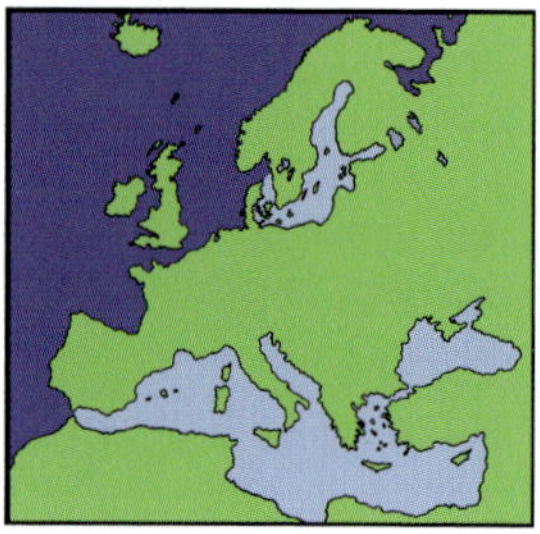

Die Schnecke sondert ein Sekret ab, das unter UV-Einstrahlung und dem Sauerstoff der Luft purpurfarben wird. „Echtes" Purpur stammt allerdings von verschiedenen *Murex*-Arten des Mittelmeeres.
Funde am Spülsaum sind häufig deutlich abgerollt.
Häufigkeit: regelmäßig zu finden.

Pantoffelschnecke: *Crepidula fornicata*

Größe: bis 6 cm.
Verbreitung:Mittelmeer, Atlantik, Nordsee.
Wissenswertes: Die Schnecke hat ein mützen- bis pantoffelartiges Aussehen. Die Mündung ist sehr groß und ist von einer dünnen Scheidewand bis zur Hälfte bedeckt. Das Gehäuse ist unregelmäßig geformt, die eigentlichen Windungen sind nur als hakenartig eingekrümmter Wirbel erkennbar. Die Schnecken sind meist gelbbraun gefärbt, es gibt jedoch auch rosafarbene oder olivgraue Exemplare.
Die Pantoffelschnecke lebt in der Gezeitenzone auf Steinen oder häufig in Miesmuschelbänken. Junge Tiere sind zunächst männlich. Sie setzen sich am Untergrund oder auf älteren Artgenossen fest und machen dabei eine Geschlechtsumwandlung durch. Auf diese Weise entstehen Ketten von Tieren, deren untere Individuen weiblich und die oberen männlich sind.
Häufigkeit: regelmäßig zu finden.

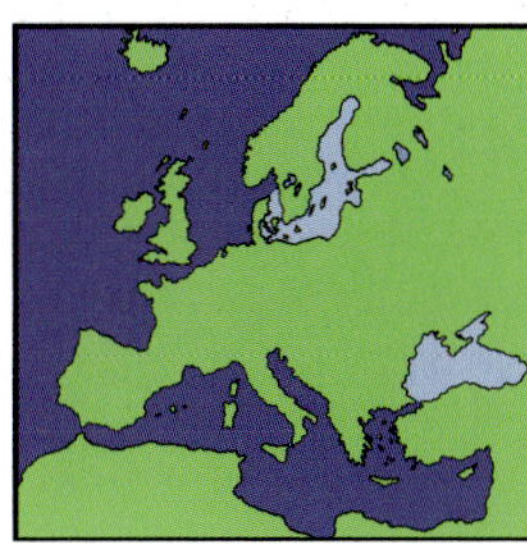

Kopffüßer: Cephalopoda

Einführung: Die Kopffüßer gehören wie die Muscheln und Schnecken zu den Weichtieren (Mollusken). In der erdgeschichtlichen Vergangenheit haben sie eine sehr viel größere Rolle gespielt als heute. Man kennt aus dem Erdaltertum meterlange gestreckte Gehäuse früher Nautiloideen oder aus dem Erdmittelalter die Ammoniten und Belemniten, die am Ende der Kreidezeit ausgestorben sind. Nur *Nautilus pompilus*, das „Perlboot“ aus dem Indischen Ozean (siehe Bild), besitzt heute noch ein gekammertes, äußeres Gehäuse. Die einzelnen Kammern sind durch einen Sipho verbunden. Durch Einpumpen von Gas oder Wasser kann das Tier wie ein U-Boot die Schwimmhöhe regulieren.
Das Gehäuse der meisten heute lebenden Kopffüßer ist reduziert und vom Mantel umwachsen, so die *Sepia*-Schale oder der Gladius einiger Hochsee-Arten wie *Loligo*. Diese Tiere gehören zu den zehnarmigen Cephalopden (Decabrachia), die neben acht kurzen auch zwei lange Fangarme besitzen. Die Octopoden („Kraken“) haben nur acht Arme, das Gehäuse ist völlig reduziert. Die meisten Kopffüßer besitzen einen Tintenbeutel („Tintenfisch“), um bei Gefahr in einer dunklen Wolke Schutz zu finden. Cephalopoden besitzen äußerst hoch entwickelte Augen.

Gemeiner Tintenfisch: *Sepia officinalis*

Größe: Tier bis 30 cm, Schulp bis 15 cm.
Verbreitung: Mittelmeer, Atlantik, Nordsee.
Wissenswertes: *Sepia* gehört zu den zehnarmigen Tintenfischen, besitzt acht kurze und zwei lange Arme, mit denen sie Beute wie Krebse, Fische oder auch Muscheln ergreift. Das Tier besitzt sehr viele Farbpigmente, kann sich blitzschnell seiner Umgebung anpassen. Bei Gefahr stößt *Sepia* eine „Tinten"-Wolke aus. Der Schulp ist weiß, längsoval und flach. Er besteht aus zahlreichen, dicht an dicht liegenden Septen, wird Ziervögeln als Kalkzugabe gerne in den Käfig gehängt. Man findet den Schulp nach Stürmen häufig am Spülsaum. *Sepia* lebt in Bodennähe, kann sich in das Sediment eingraben. Das Tier wird bis zu 20 Jahre alt. Aus getrockneten Tintenbeuteln wird braune Tinte hergestellt. Der Schulp dient Goldschmieden als Gussform. *Sepia* steht beson-ders in den Mittelmeerländern auf dem Speisezettel.
Häufigkeit: häufig.

Krebse: Crustacea

Einführung: Krebse sind eine sehr vielgestaltige und artenreiche Gruppe der Gliedertiere. Zu ihnen gehören beispielsweise die Wasserflöhe, Seepocken, Entenmuscheln, Muschelkrebse, Asseln und die Zehnfußkrebse. Die meisten Krebse sind wasserbewohnend, jedoch leben viele Arten amphibisch oder gänzlich terrestrisch. Krebse besitzen im Grundplan zwei Paar Antennen und tragen zu Mundwerkzeugen umgestaltete Extremitäten im Kopfbereich. Die Beine sind zweiästig, teilen sich in einen Laufbein- und einen Kiemenast. Krebse besitzen einen Panzer aus Chitin, der nicht mitwächst und deshalb regelmäßig gehäutet werden muss. Man findet häufig leere Häutungshemden und abgeworfene Rückenpanzer am Strand. Das frisch gehäutete Tier ist zunächst weichhäutig und gefährdet bis der neue Panzer ausgehärtet ist. Die Zehnfußkrebse (Decapoda; siehe Abbildung) besitzen 5 Paare von Laufbeinen, die z.T. kräftige Scheren tragen. Die Langschwanzkrebse, zu denen Hummer, Languste oder der abgebildete Flusskrebs gehören, besitzen einen beweglichen Hinterleib mit kleinen Schwimmfüßen. Bei den Kurzschwanzkrebsen („Krabben“) ist dieser Hinterleib unter den Körper umgeschlagen. Hierhin gehören die Strandkrabbe und der Taschenkrebs.

Einsiedlerkrebs: *Pagurus bernhardus*

Größe: Krebs bis 10 cm.
Verbreitung: Mittelmeer, Atlantik, Nordsee, westliche Ostsee.
Wissenswertes: Wie alle Einsiedlerkrebse lebt auch *Pagurus bernhardus* in verlassenen Schneckenhäusern, vorwiegend der Strandschnecke und der Wellhornschnecke. Der Hinterleib des Krebses ist ungepanzert, die Extremitäten sind hier zurückgebildet. Die rechte Schere ist deutlich kräftiger als die linke. Die Gehäuse sind immer von dem Stachelpolypen *Hydractinia* (S. 48) überwuchert, der dem Krebs Tarnung verschafft und zudem über die Mündung hinauswächst (siehe Bild oben rechts). Der Krebs kann das Gehäuse so deutlich länger bewohnen, bevor er sich ein neues, größeres Schneckenhaus suchen muss.
Der Einsiedlerkrebs wird bis zu 5 Jahre alt. Er ernährt sich von Würmern, auch von Aas, und kommt vom Flachwasser bis fast 2000 m Tiefe vor.
Häufigkeit: regelmäßig zu finden.

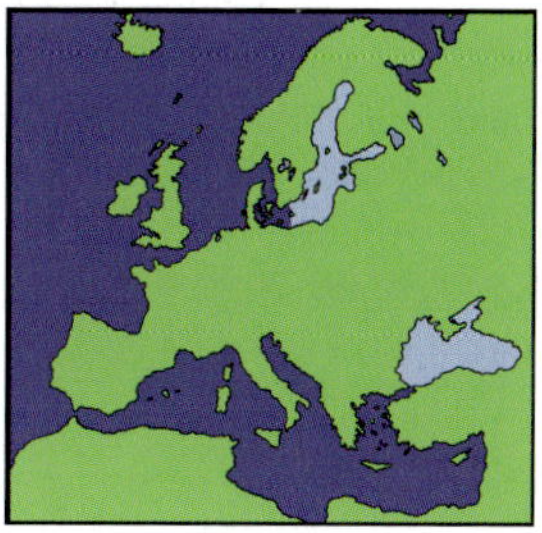

Strandkrabbe: *Carcinus maenas*

Größe: Panzer bis 8 cm breit.
Verbreitung: Arktis bis Mauretanien; Atlantik, Nordsee, westliche Ostsee. Hiddensee und Bornholm sind die östliche Grenze.
Wissenswertes: Der vordere Panzerrand ist mit 5 scharfen Zähnen besetzt, zwischen den Augen stehen drei stumpfe Zähne. Die Scheren sind leicht ungleich. Der Dactylus (das letztes Segment) der Laufbeine ist spitz und leicht gebogen, der Dactylus des 5. Beinpaares ist mit Borsten besetzt. Männchen mit schmalen, Weibchen mit breitem Hinterleib (umgeklappt auf der Bauchseite sichtbar, siehe Bilder rechts unten). Die Strandkrabbe bewegt sich rasch und ausschließlich seitwärts, der Volksmund nennt die Krabbe daher „Dwarslöper". Sie wird in einigen Regionen gegessen, viel häufiger aber von Anglern als Köder benutzt.
Häufigkeit: sehr häufig.

männliche Strandkrabbe

weibliche Strandkrabbe

Schwimmkrabbe: *Liocarcinus holsatus*

Größe: Carapax bis 5 cm breit.
Verbreitung: Mittelmeer, Atlantik, Nordsee.
Wissenswertes: Auf den ersten Blick ähnelt die Schwimmkrabbe der Strandkrabbe. Wichtigster Unterschied ist das paddelartig ausgebildete letzte Beinpaar. Die Krabbe führt damit propellerartige Bewegungen aus und kann so geschickt und schnell seitwärts und aufwärts schwimmen. Als aktiver Schwimmer kommt die Krabbe nur selten am Strand vor, ist häufiger als Beifang der Fischers zu finden.
Bei der Häutung abgeworfene Panzer sind nur schwer von denen der Strandkrabbe zu unterscheiden. Bei frischen Funden ist die graublaue Farbe noch erkennbar. Ansonsten ist der Carapax etwas runder, der der Strandkrabbe ein wenig mehr fünfeckig. Eine Linie zwischen den letzten Randdornen teilt den Panzer der Schwimmkrabbe in der Mitte, bei der Strandkrabbe liegt sie leicht davor.
Häufigkeit: eher selten.

Taschenkrebs: *Cancer pagurus*

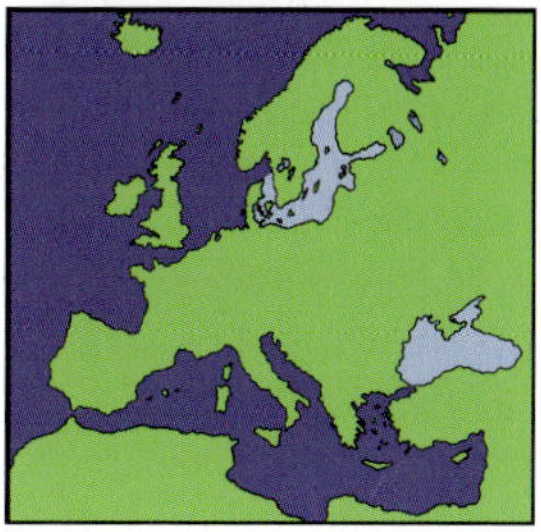

Größe: Carapax bis 30 cm breit.
Verbreitung: Arktis bis Portugal, im Mittelmeer nur an vereinzelten Stellen; Atlantik, Nordsee.
Wissenswertes: Der große Kopf-Brust-Panzer (Carapax) ist etwa ein Drittel breiter als lang, die Oberfläche ist granuliert. Der vordere Seitenrand trägt jederseits neun stumpfe Zähne, drei weitere liegen zwischen den Augen. Die Scheren sind sehr kräftig, die Scherenfinger dunkel. Der Krebs lebt auf steinigem Untergrund vom Gezeitenbereich an bis in 90 m Tiefe. Er ernährt sich von Muscheln, Krebsen, Seesternen und Seeigeln, die er mit seinen Scheren mühelos knackt. Der Taschenkrebs ist essbar, wird besonders auf Helgoland als Delikatesse angeboten.
Häufigkeit: regelmäßig zu finden.

Blaukrabbe: *Callinectes sapidus*

Größe: Carapax bis 20 cm breit.
Verbreitung: Mittelmeer, Atlantik.
Wissenswertes: Kennzeichnend ist der in lange Spitzen ausgezogene Carapax. Er ist etwa doppelt so breit wie lang, trägt jederseits neun kräftige Dornen. Die Farbe des Panzers variiert zwischen rosa und grau. Das lebende Tier ist hellblau gefärbt, die Dornenpitzen und Gelenke der Gliedmaßen sind leuchtend rot.
Die Art wurde aus Nordamerika eingeschleppt, kommt vereinzelt an der holländischen und dänischen Küste vor. Nur selten wird man heute, vor allem nach Stürmen im Norden Jütlands, angespülte Panzer finden.
Die Krabbe ist wohlschmeckend, wurde in den Niederlanden schon vor 400 Jahren als Delikatesse verspeist. In Nordamerika werden heute zwischen 10 und 30 Millionen Tonnen dieser Art pro Jahr gehandelt.
Häufigkeit: selten.

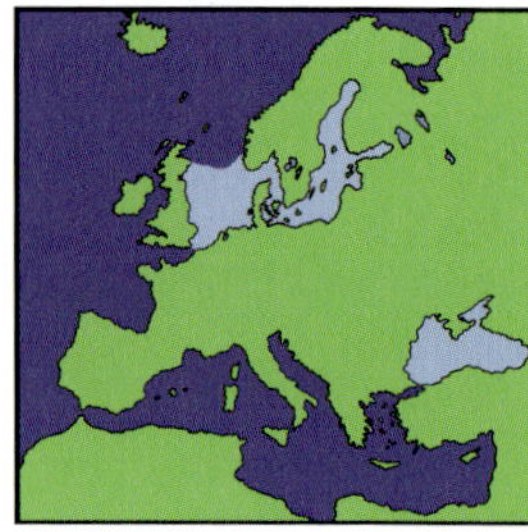

Schlickkrebs, Wattkrebs: *Corophium volutator*

Größe: bis 0,9 cm.
Verbreitung: Mittelmeer, Atlantik, Nordsee, mittlere Ostsee.
Wissenswertes: Auffallend ist die lange zweite Antenne, die immer deutlich nach vorn gerichtet ist und in der Mitte abgeknickt scheint. Bei den Männchen kann die Antenne die Körperlänge erreichen. Der Schlickkrebs lebt in U-förmigen, bis 8 cm tiefen Gängen, an deren Mündung ein kleiner, manchmal blumenartig aussehender Wall aufgetürmt ist. Die Besiedlungsdichte des Schlickkrebses kann mehrere Tausend Individuen pro Quadratmeter erreichen. Man spricht vom „singenden Watt", wenn Millionen von kleinen Krebschen in lauen Sommernächten mit ihren Antennen den Schlick nach Nahrhaftem durchkämmen. Zwischen den Antennen bildet sich eine kleine Luftblase, die zerplatzt, wenn die Antennen zu weit geöffnet werden. Das millionenfache Platzen dieser winzigen Bläschen erzeugt ein sirrendes Geräusch.
Häufigkeit: sehr häufig.

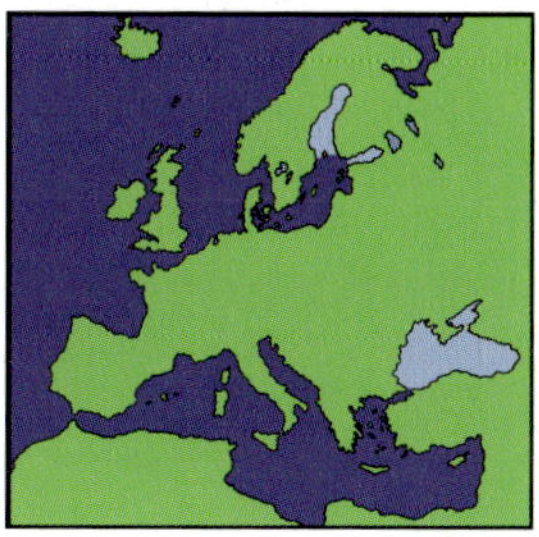

Strandfloh: *Talitrus saltator*

Größe: bis 1,5 cm.
Verbreitung: Mittelmeer, Atlantik, Nordsee, westliche Ostsee.
Wissenswertes: Der Strandfloh ist eng an „seinen" Strand gebunden. Er orientiert sich am Sonnenstand und findet so den Weg zum Wasser, kann sogar die Wanderung der Sonne im Tages- und Jahresverlauf kompensieren. Wird ein Strandfloh aber an einen anderen Küstenabschnit versetzt, an dem das Meer nun westlich statt östlich liegt, findet er den Weg ins rettende Nass nicht mehr. *Talitrus* lebt im wenig feuchten Sand an der Grenze des von den Wellen überspülten Bereichs, oft unter angespültem Seetang. Er kann bis zu 30 cm weit springen.
Die ähnliche *Orchestia gammarella* („Küstenhüpfer", bis 2,2 cm) kommt im Strandgeröll vor, ist grünbraun gefärbt. Das wichtigste Unterscheidungsmerkmal ist das mit einem kräftigen Greiffuß versehene zweite Körper-Beinpaar (nur mit der Lupe erkennbar)!
Häufigkeit: sehr häufig.

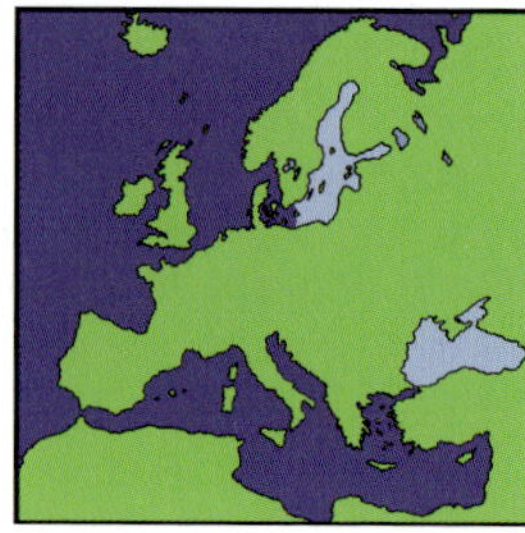

Nordseegarnele, „Krabbe“: *Crangon crangon*

Größe: Weibchen bis 8 cm, Männchen bis 5 cm.
Verbreitung: Atlantik, Nordsee, Ostsee bis finnischer Meerbusen.
Wissenswertes: Der bekannteste und sicher schmackhafteste Krebs der Nordsee wird zwar „Krabbe“ genannt, ist jedoch eine kleine Garnele, ein Langschwanzkrebs (die „echten“ Krabben sind Kurzschwanzkrebse wie die Strandkrabbe, S. 108). Für viele ist ein Krabbenbrötchen bei einer Strandwanderung im Urlaub Pflicht. Nur selten wird man eine „Krabbe“ am Spülsaum finden. Badenden laufen die Tierchen im flachen Wasser gern über die Füße, trotzdem sind sie fast unsichtbar. Die Färbung variiert nach Umgebung und Untergrund, ist meist grau bis grünlichgrau. Der Krebs besitzt zwei Paar lange Antennen, 5 Laufbeinpaare und 5 Hinterleibsbeinpaare, die zum Schwimmen eingesetzt werden. Die Nordseegarnele lebt meist auf Sandböden, kann sich blitzschnell eingraben. Sie ist nachtaktiv.
Häufigkeit: sehr häufig, jedoch selten im Angespül.

Große Seepocke: *Balanus balanus*

Größe: bis 5 cm.
Verbreitung: Atlantik, Nordsee, westliche Ostsee.
Wissenswertes: In den deutschen Küstengewässern sind 7 Arten von Seepocken bekannt. *Balanus balanus* ist die größte einheimische Art. Das Gehäuse besteht aus sechs Platten, die soweit miteinander verwachsen sind, dass kaum Nahtlinien erkennbar bleiben. Die Platten tragen kräftige Rippen. Die Mündung ist eng, manchmal fast dreieckig. Die Basalplatte ist verkalkt, zeigt deutliche konzentrische Ringe. Die Art siedelt gerne auf großen Muschelschalen, kommt aber auch auf Krebspanzern oder Steinen vor.
Seepocken besitzen zu Rankenfüßen umgebildete Extremitäten, mit denen sie Plankton und Schwebstoffe aus dem Wasser filtern. Sie überstehen längeres Trokkenfallen. Seepocken leben von der Spritzwasserzone an abwärts bis in eine Tiefe von über 100 Metern.
Häufigkeit: regelmäßig zu finden.

Gemeine Seepocke: *Semibalanus balanoides*

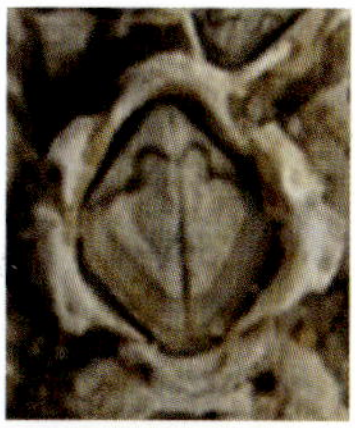

Größe: bis 1,5 cm.
Verbreitung: Atlantik, Nordsee, westliche Ostsee.
Wissenswertes: Die Gemeine Seepocke ist eine der häufigsten heimischen Arten. Das Gehäuse ist flachkegelig, der untere Rand sternförmig oder wellenartig gesäumt. Die Platten tragen unregelmäßige, mehr oder weniger deutliche Rippen. Die Mündung ist mäßig weit, rhombenförmig. Blickt man in der Mündung auf die innenliegenden Platten (Scutum und Tergum) so ist zwischen diesen Platten eine sinusartig geschwungene Furche zu erkennen.
Seepocken sind Zwitter, befruchten sich gegenseitig. Die Eier verbleiben in der Mantelhöhle des Muttertieres. Junge freischwimmende Seepocken-Larven heften sich mit einer Zementdrüse am Untergrund fest.
Häufigkeit: sehr häufig.

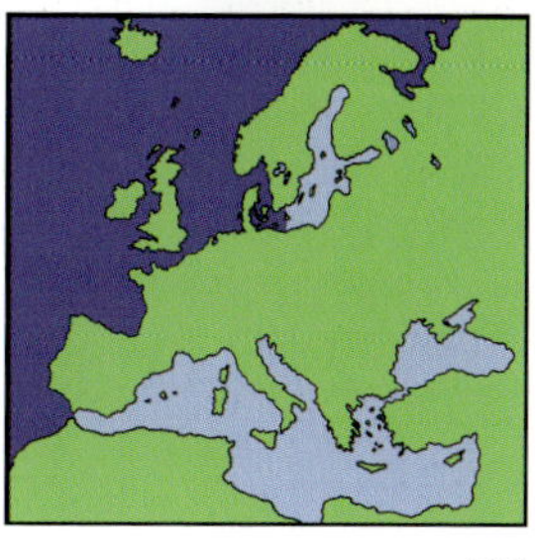

Gekerbte Seepocke: *Balanus crenatus*

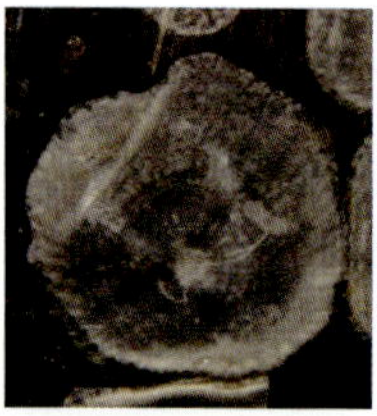

<u>Größe</u>: bis 2 cm.
<u>Verbreitung</u>: Atlantik, Nordsee, westliche Ostsee.
<u>Wissenswertes</u>: Das Gehäuse besteht aus sechs Kalkplatten. Die Gehäusewände sind steil gestellt. Die Platten sind glatt, bei älteren Tieren auch längs gerieft. Die Mündung ist groß, rhombenförmig und zeigt typischerweise eine leicht ausgezogene Spitze. Die Basalplatte ist glatt, so dass kein typisches Muster auf dem Untergrund zu erkennen ist (siehe Bild rechts).
Die Art siedelt auf allen Hartgründen, so auf Muschelschalen, Krebspanzern, Treibholz, Steinen, Molen, Pfählen und Bootsrümpfen.
<u>Häufigkeit</u>: sehr häufig.

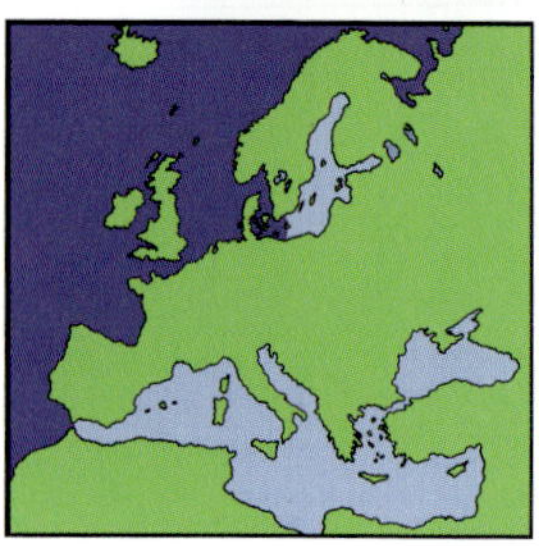

Brackwasser-Seepocke, Pferdezahn: *Balanus improvisus*

Größe: bis 1,5 cm.
Verbreitung: Mittelmeer, Atlantik, Nordsee, Ostsee.
Wissenswertes: Das flachkegelige Gehäuse besteht aus sechs glatten Platten. Die Mündung ist sehr klein und rhombenförmig, an der Spitze nicht ausgezogen. Die Basalplatte besitzt kräftige verkalkte Rippen, bei abgelösten Gehäusen kann man eine radiale Struktur auf dem Untergrund beobachten. Die Art kann bei dichter Besiedlung turmartig in die Höhe wachsen, wird mehrere Zentimeter lang. Dabei ist die Basis stets schmaler als die Mündung.
Die Art kommt als einzige heimische Seepocken-Art auch im Brackwasser vor, ihr Verbreitungsgebiet reicht bis in den Bottnischen Meerbusen. Sie wurde Mitte des 19. Jahrhunderts über den Schiffsverkehr eingeschleppt.
Häufigkeit: sehr häufig.

Entenmuschel: *Lepas anatifera*

Größe: Schale bis 5 cm; Stiel bis 25 cm (selten sogar bis 50 cm) lang.
Verbreitung: Mittelmeer, Atlantik, Nordsee.
Wissenswertes: Der Name „Entenmuschel" ist irreführend, da es sich bei diesem Tier um einen Krebs handelt, der mit den Seepocken eng verwandt ist. Die Schale besteht aus fünf silbergrauen Platten, die durch eine orange-farbene Haut miteinander verbunden sind. An der Basis setzt ein lederartiger, dunkler Stiel an, mit dem der Krebs am Untergrund festgeheftet ist. Durch die klaffenden Schalen kann der Krebs mit seinen langen Rankenfüßen Nahrung aus dem Wasser herausfiltern.
Die „Entenmuschel" siedelt in großen Kolonien vorwiegend an Treibholz, wird nach Stürmen gelegentlich an den Strand gespült.
Häufigkeit: selten.

Furchen-Entenmuschel: *Dosima fascicularis*

Größe: Schale bis 4 cm.
Verbreitung: Atlantik, Nordsee.
Wissenswertes: Die Schale dieser Rankenfußkrebse besteht aus 5 weißen, durchscheinenden Platten, die sehr zerbrechlich sind. Das lebende Tier ist bläulich gefärbt, besonders der kurze Stiel fällt durch seine leuchtende Farbe auf. Die Tiere sind nicht an Treibgut angeheftet, wie viele verwandte Arten. Vielmehr sondert der Stiel ein schaumiges Sekret ab, das den Tieren als Schwimmfloß dient. Das Tier steckt durch die leicht geöffnete Schale die Rankenfüße heraus (siehe kleines Bild), um Nahrungspartikel aus dem vorbeiströmenden Wasser herauszufiltern.
Die Art lebt im Atlantik, ist nur nach Stürmen an den Stränden der Nordsee (vorwiegend Nordjütlands) im Angespül zu finden.
Häufigkeit: sehr selten.

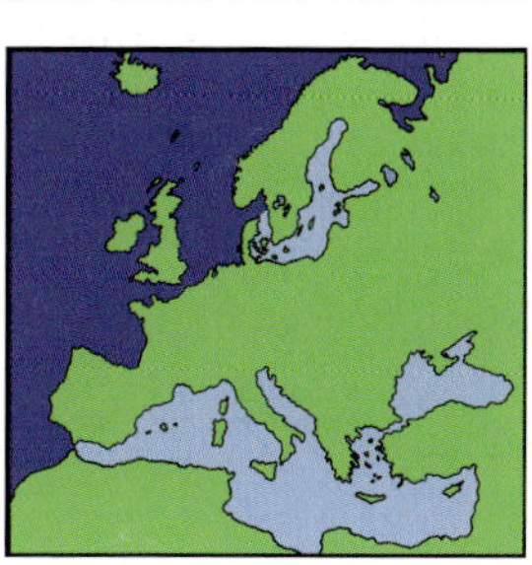

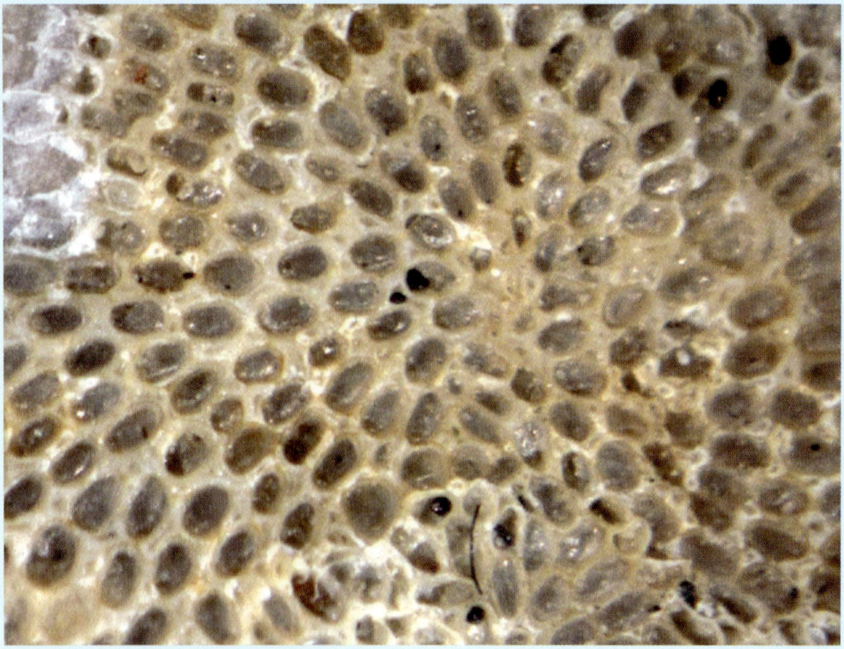

Moostierchen: Bryozoen

Einführung: Bryozoen (Moostierchen) gehören zusammen mit den Brachiopoden (Armfüßern) und den Phoroniden (Hufweisenwürmern) zum Stamm der Tentaculata (Kranzfühler). Moostierchen sind koloniebildende Tiere, die ast- oder blattförmige Stöcke oder krustenartige Überzüge auf harten Untergründen bilden. Das einzelne Tier (Zooid) ist sehr klein und nur unter dem Mikroskop genau bestimmbar. Kolonien sind durch die Vielzahl kleiner Zooide, bzw. bei abgestorbenen Kolonien durch ein charakteristisches „Lochmuster" leicht als Moostierchen zu bestimmen.
Bryozoen sind häufig auch fossil in einigen Strandsteinen eingeschlossen zu finden. Oft bedecken kleine Äste oder netzartige Bruchstücke die Oberfläche von 60 - 70 Millionen Jahre alten Feuersteinen.

Blätter-Moostierchen: *Flustra foliacea*

Größe: bis 20 cm.
Verbreitung: Mittelmeer, Atlantik, Nordsee, westliche Ostsee.
Wissenswertes: Blätter-Moostiechen sind mit einer flach scheibenförmigen Basis an Hartgründen wie Steinen oder Muschelschalen festgeheftet. Die Kolonien sind groß, flach und biegsam. Die Wuchsform ist blattartig, fächerförmig, mehrfach verzweigt. Die Äste haben abgerundete Ecken. Die lebenden Tiere sind grünlich bis gelbbraun gefärbt, die abgestorbenen Kolonien verblassen schnell und besitzen blass beige bis graue Farbtöne. Die Art ist besonders häufig nach Stürmen im Angespül zwischen dem Seetang zu finden.
Häufigkeit: häufig.

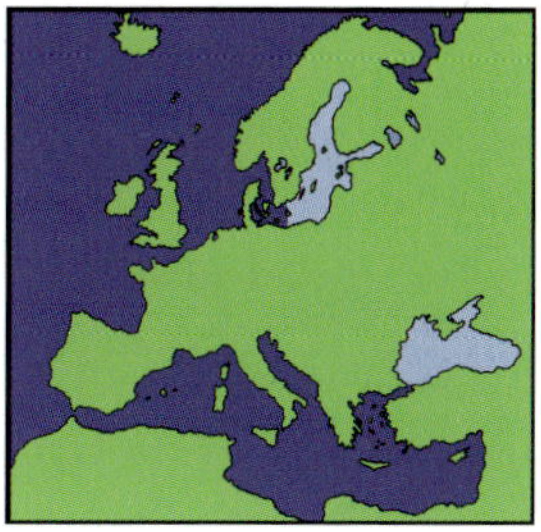

Gewöhnliche oder Flache Seerinde: *Membranipora membranacea*

Größe: Kolonie bis 100 cm Ø.
Verbreitung: Mittelmeer, Atlantik, Nordsee, westliche Ostsee.
Wissenswertes: Die Gewöhnliche Seerinde bildet großflächige, flache Überzüge vor allem auf Tangen. Die Ränder der Kolonie sind glatt und in weiten Bögen geschwungen. Ihre Farbe reicht von durchscheinend weiss oder gelb bis beige. Abgestorbene und ausgetrockenete Exemplare sind mehr oder minder schmutzig-weiß. Die Einzelpolypen haben einen rechteckigen Umriss.
Die Gewöhnliche Seerinde gehört zu den häufigsten Moostierchen-Arten der Nordsee. An einigen Küsten sind nahezu alle angespülten Braunalgenthalli überkrustet. Sie kann sehr große Kolonien bilden, die in der Regel nur von der Größe des Untergrundes begrenzt werden.
Häufigkeit: sehr häufig.

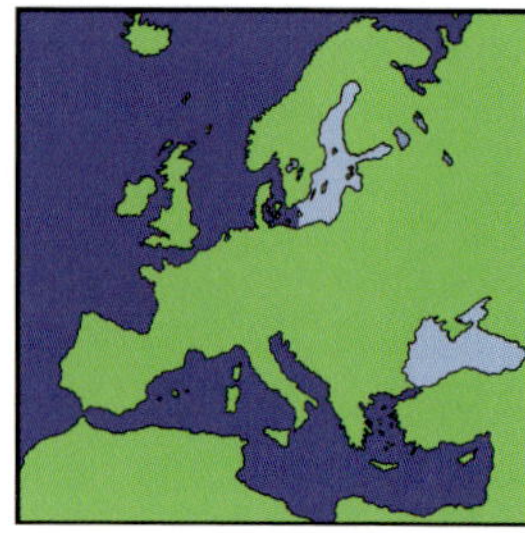

Zottige Seerinde: *Electra pilosa*

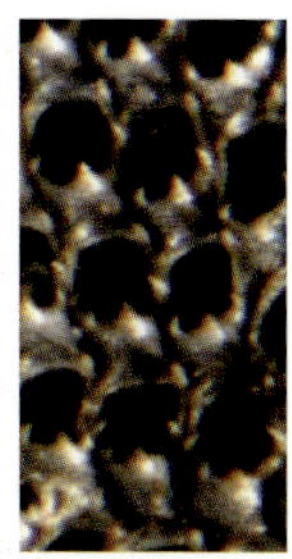

<u>Größe</u>: bis > 10 cm.
<u>Verbreitung</u>: Mittelmeer, Atlantik, Nordsee, westliche Ostsee.
<u>Wissenswertes</u>: Die Zottige Seerinde bildet rindenartige Überzüge vor allem auf Tangen, aber auch auf Muschelschalen und manchmal auf Steinen. Die Ränder der Kolonie sind meistens „ausgefranst“, junge Kolonien sind unregelmäßig sternförmig. Die einzelnen Zooide sind oval und von kleinen Dornen umstanden (kleines Foto). Im gleichen Verbreitungsgebiet kommt eine aufrecht wachsende, büschelige Varietät vor, die an *Flustra foliacea* (S. 123) erinnert, aber kleiner bleibt und anstelle der blattförmigen Äste nur schmale, flache Zweige besitzt. Die ähnliche Krusten-Seerinde *Electra crustulenta* wächst vorwiegend auf Muscheln und Algen. Sie besitzt sechseckige, unbedornte Zooide und kommt noch in der mittleren Ostsee vor.
<u>Häufigkeit</u>: häufig.

EINFÜHRUNG: Stachelhäuter

Seeigel: Echinoidea & Seesterne: Asteroidea

Einführung: Alle Stachelhäuter (Echinodermata) besitzen eine fünfstrahlige Symmetrie, die man in den fünf Armen des Seesternes oder den fünf „Ambulakralfeldern" bei den Seeigeln gut erkennen kann. Ihren Namen verdanken sie einem inneren Kalkskelett. Jedes Kalkplättchen kann dabei einen teils sehr langen, gelenkigen Stachel tragen. Stachelhäuter besitzen ein spezielles Wassergefäß-System. Von einem Ringkanal rund um die Mundöffnung gehen fünf doppelte Radialkanäle aus, die zahlreiche kleine, sackförmige Ausstülpungen, die sog. „Ambulakralfüßchen", ausbilden. Durch Regulierung des Wasserdruckes können die kleinen Füßchen bewegt werden. Die Verbindung zur „Außenwelt" erfolgt über die Madreporenplatte, die man bei den Seesternen deutlich an der Basis zweier Arme erkennen kann, bei den regulären Seeigeln ist eine der fünf Kalkplatten am Scheitelpunkt (After) vergrößert. Die Ambulakralfüßchen dienen u. a. der Atmung und der Fortbewegung. Bei den Seeigeln unterscheidet man Reguläre mit zentralem Mund auf der Unterseite und einem After auf der Oberseite von den Irregulären, bei denen der After auf die Unterseite „gewandert" ist. Reguläre Seeigel besitzen einen Kauapparat, die „Laterne des Aristoteles" (siehe Bild mitte).

Herzseeigel: *Echinocardium cordatum*

Größe: bis 6 cm.
Verbreitung: Mittelmeer, Atlantik, Nordsee.
Wissenswertes: Der Seeigel besitzt ein herzförmiges, sehr zerbrechliches Gehäuse. Er gräbt etwa 20 cm tief in sandigen und schlammigen Böden, besitzt daher nur ein kurzes Stachelkleid. Ein dünner Kanal reicht bis an die Sedimentoberfläche. Lange Saugfüßchen halten den Gang von Verunreinigungen frei und nehmen Nahrungspartikel von der Sedimentoberfläche auf. Die eingebuchtete Seite ist übrigens vorn.
Häufigkeit: regelmäßig zu finden, unbeschädigte Gehäuse sind aufgrund ihrer Dünnschaligkeit jedoch selten.

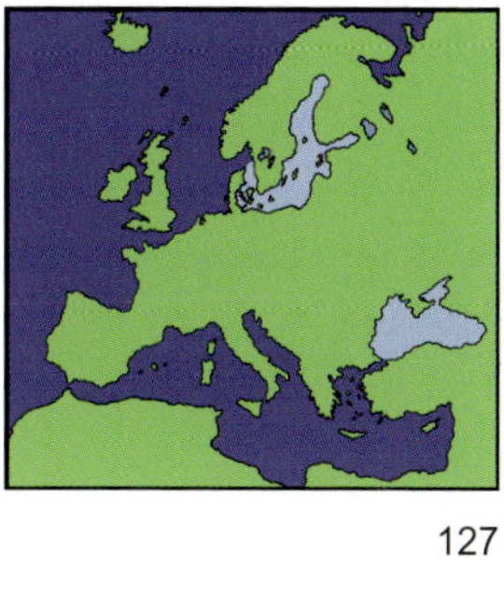

Zwergseeigel: *Echinocyamus pusillus*

Größe: bis 1 cm.
Verbreitung: Mittelmeer, Atlantik, Nordsee, westliche Ostsee.
Wissenswertes: Das Gehäuse ist flach, vorn leicht zugespitzt. Der Mund befindet sich in der Mitte auf der Bauchseite, der kleinere After liegt kurz dahinter. Das Stachelkleid ist sehr kurz.
Der Zwergseeigel lebt dicht unter der Sedimentoberfläche, ernährt sich von abgestorbenen Pflanzenresten und Kleinstlebewesen. Er kann stellenweise häufig vorkommen (Helgoland), ist aber meistens nur schwer zu entdecken. Der Zwergseeigel lebt noch in 800 Metern Tiefe.
Häufigkeit: selten.

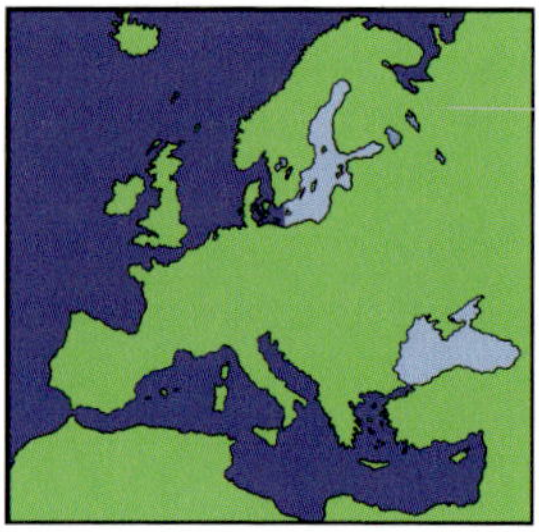

Kleiner Strandseeigel: *Psammechinus miliaris*

Größe: bis 4 cm.
Verbreitung: Atlantik, Nordsee, westliche Ostsee.
Wissenswertes: Das Gehäuse ist grünlich und trägt grüne, kurze Stacheln. Bei dem lebenden Tier sind die Spitzen der Stacheln violett gefärbt. Das Gehäuse der weiblichen Tiere ist halbkugelig aufgewölbt, das der männlichen flacher. Der Seeigel weidet mit seinem Kauapparat (der „Laterne des Aristoteles") Algen ab, frisst auch Seegras, kleine Bodenlebewesen, Ringelwürmer und Seepocken. Sogar Herzmuscheln stehen auf seinem Speisezettel. Er nagt das Ligament durch, das die Muschelschalen miteinander verbindet, um so an den Weichkörper zu gelangen.
Häufigkeit: vollständige Gehäuse sind im Angespül selten.

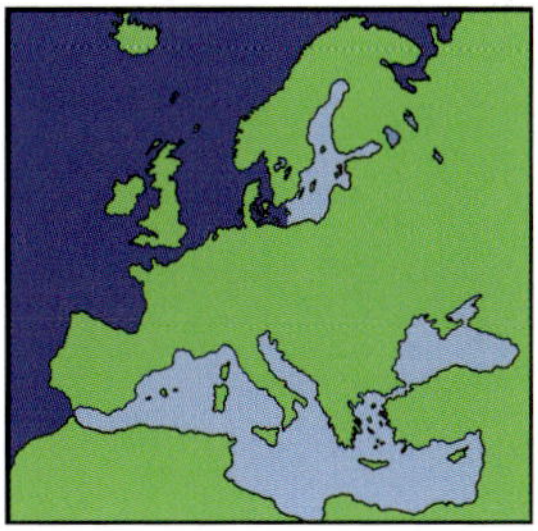

Gemeiner Seestern: *Asterias rubens*

Größe: bis 30 cm.
Verbreitung: Mittelmeer, Atlantik, Nordsee, westliche Ostsee.
Wissenswertes: Der Seestern ist rötlich bis violett gefärbt. Er lebt auf steinigen oder felsigen Untergründen vom Flachwasser bis in 200 m Tiefe. Seine Nahrung besteht vor allem aus Muscheln, die er mit seinen Armen umschließt. Da die Muschel frisches Atemwasser braucht, wird sie irgendwann ihre Klappen einen Spalt breit öffnen, und das ist der Moment, in dem der Seestern zugreifen kann. Ein Seestern kann im Kampf verlorene Arme regenerieren. Manchmal findet man auch Fehlbildungen mit 4 oder 6 Armen.
Häufigkeit: häufig.

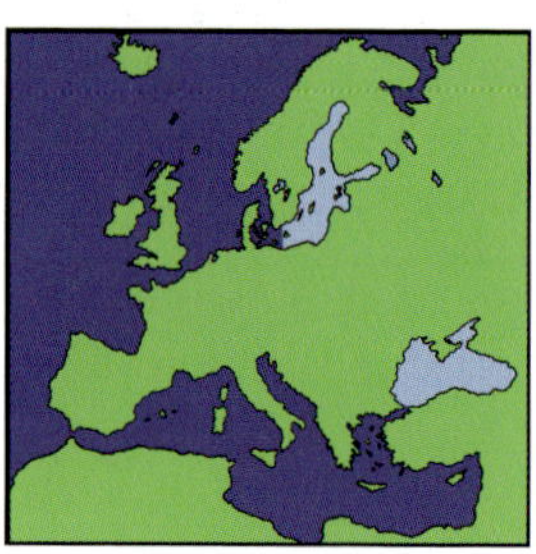

Großer Schlangenstern: *Ophiura ophiura*

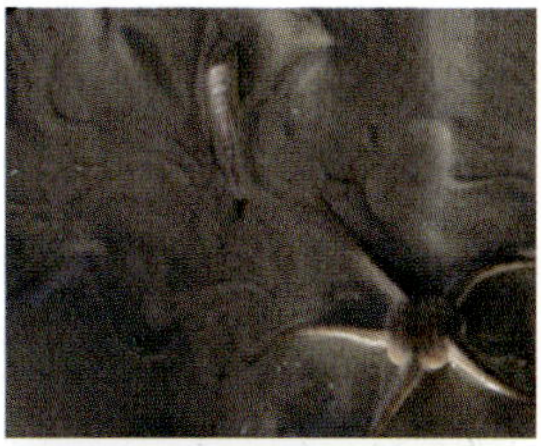

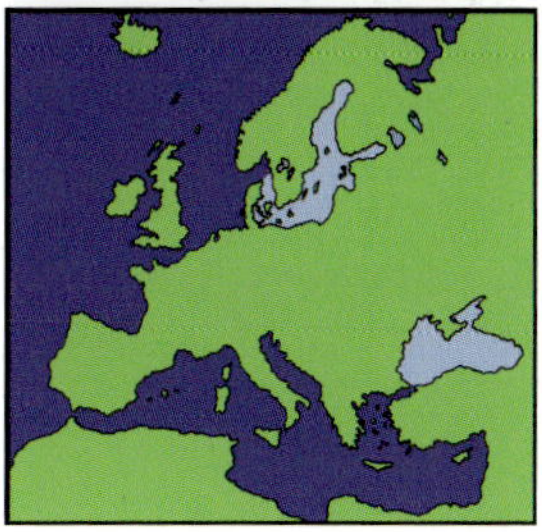

Größe: Zentralscheibe bis 3 cm, Armlänge bis 13 cm.
Verbreitung: Mittelmeer, Atlantik, Nordsee.
Wissenswertes: Schlangensterne besitzen eine runde, zentrale Körperscheibe und fünf lange, schlanke Arme, die drei- bis maximal viermal so lang wie der Durchmesser des Körpers sind. Die Oberseite des Tieres ist rötlich bis bräunlich gefärbt, die Bauchseite ist sehr viel heller. Schlangensterne leben räuberisch, vertilgen vor allem Muscheln. Sie ernähren sich aber auch von pflanzlicher Nahrung sowie von Aas. Ans Ufer gespülte Schlangensterne versuchen, zurück ins Meer zu gelangen. Dabei hinterlassen sie charakteristische, wellenförmige Bewegungsspuren im Schlick.
Häufigkeit: selten.

Fotos: Uwe Byszio

Ostasiatische Seescheide: *Styela clava*

Größe: bis 10 cm.
Verbreitung: Ärmelkanal, Nordsee.
Wissenswertes: Seescheiden gehören zu den Chordatieren und damit in die unmittelbare Verwandtschaft der Wirbeltiere. Der Körper ist von einer lederartigen Haut umgeben, die beim Eintrocknen stark faltig wird. Deutlich erkennt man die Ein- und Ausstromöffnung an der Vorderseite des Tieres. Eingestrudeltes Wasser strömt durch einen Kiemendarm im Inneren des Tieres, an dem Nahrungspartikel hängenbleiben, diese werden in Schleim eingebettet und zum Darm geleitet. Der After endet kurz vor der Ausstromöffnung. Die Art wurde in den 50er Jahren mit heimkehrenden Kriegsschiffen aus Korea in den Ärmelkanal eingeschleppt. Seit Beginn der 80er Jahre ist sie auch im Limfjord (Nord-Jütland, DK) nachgewiesen. *Styela clava* lebt auf Muschelschalen, Steinen oder Seetang.
Häufigkeit: selten.

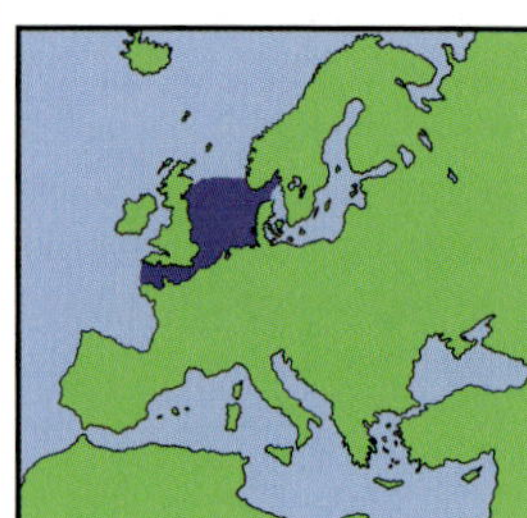

EINFÜHRUNG: Fische

Fische: Pisces

Einführung: Fische sind stets wasserbewohnende Wirbeltiere, die mehrere Flossen besitzen und über Kiemen atmen. Man unterscheidet zwei große Gruppen.
Knorpelfische haben das Knochengewebe völlig reduziert, Schädel, Wirbelsäule und andere Skelettelemente sind knorpelig, können aber durch Kalkeinlagerungen recht hart sein. Zu Ihnen gehören die rund 800 bekannten Arten von Haien, Rochen und Chimären. Aufgrund der fehlenden widerstandsfähigen Hartteile verwesen Kadaver relativ schnell. Skelettelemente sind demnach im Spülsaum kaum zu erwarten. Hingegen können die aus phosphatischem Material bestehenden Zähne im Angespül gefunden werden, auch in fossiler Form, wenngleich sie in unseren Breiten eher selten sind.
Die Gruppe der **Knochenfische** ist sehr formenreich. Man kennt heute etwa 25.000 Arten. Neben einem knöchernem Skelett besitzen sie eine Schwimmblase als hydrostatisches Organ, die aber auch Atemfunktion haben kann. Neben „Gräten", einzelnen Wirbeln, Schädelknochen, Kiemenbögen und Schuppen kann man im Spülsaum auch „Gehörsteine" (Otolithen) von Fischen finden, die zum Schweresinnesorgans gehören und auch für die Schallrezeption nötig sind.

Dorsch, Kabeljau: *Gadus morhua*

Größe: bis 150 cm.
Verbreitung: Atlantik, Nordsee, mittlere Ostsee.
Wissenswertes: Der Dorsch ist meist ein Opfer der zahlreichen Angler, die vor allem an Wochenenden die Küsten Schleswig-Holsteins säumen. Er lebt in Tiefen von 5 bis 500 Metern, ernährt sich von Krebsen, Würmern, Weichtieren und kleineren Fischen. Der Dorsch hat drei Rückenflossen, ein Paar Brust- und Bauchflossen sowie zwei Afterflossen. Die Schwanzflosse ist nicht eingeschnitten. Die Seitenlinie ist hell, das Auge kleiner als die Länge der Maulspalte. Kennzeichnend ist zudem ein langer Bartfaden. Angespült findet man häufig Skelettreste (oben), Köpfe, Kieferfragmente, Knochenplatten des Schädels und der Kiemenregion (rechts unten) sowie Schuppen (rechts oben). Mit Erreichen der Geschlechtsreife nennt man den Dorsch auch „Kabeljau". Er ist ein wohlschmeckender Speisefisch.
Häufigkeit: häufig.

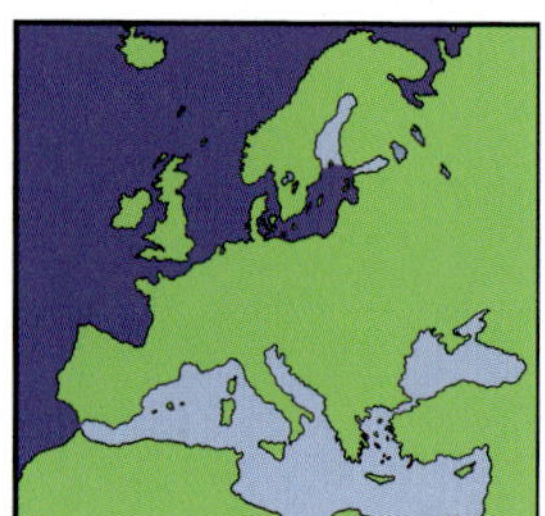

Flunder, Graubutt: *Platichthys flesus*

Größe: bis 50 cm.
Verbreitung: Schwarzes Meer, Mittelmeer, Atlantik, Nordsee, Ostsee.
Wissenswertes: Plattfische wie die Flunder sind in perfekter Weise an das Bodenleben angepasst. Am Ende des Larvenstadiums setzt eine Umgestaltung des Körpers ein. Die Augen wandern auf die rechte Seite, die jetzt zur Oberseite wird. Bei den Flundern gibt es jedoch häufige Ausnahmen, in dem die linke Seite nach oben gerichtet ist, man spricht von „linksäugigen" Exemplaren. Die Rückenflosse setzt direkt hinter dem Kopf an, sie ist wie die Bauchflosse spitz gescheitelt. Das Ende der Schwanzflosse ist im Vergleich zu anderen Plattfischen nur wenig abgerundet. Die Haut ist rau, trägt viele kleine Knochenspitzen.
Die ähnlichen Schollen besitzen auf der Oberseite orange, hell gesäumte Flecken.
Häufigkeit: im Spülsaum selten, wird häufig gefischt.

Hering: *Clupea harengus*

Größe: bis 40 cm.
Verbreitung: Atlantik, Nordsee, Ostsee.
Wissenswertes: Der Hering gehört zu den beliebtesten Speisefischen entlang der Küste. Im Frühjahr ziehen große Heringsschwärme zum Laichen in die Förden, wo sie von Hobbyanglern eimerweise aus den Fluten gezogen werden. Der Hering besitzt eine kurze Rückenflosse, eine tief eingeschnittene Schwanzflosse, eine Brustflosse kurz hinter dem Kiemendeckel, eine Bauch- und eine Afterflosse auf der Körperunterseite. Die Bauchflosse setzt dabei etwas hinter dem Vorderrand der Rückenflosse an, was den Hering von der Sprotte unterscheidet. Entlang der Mittelinie sind rund 60 Schuppen zu zählen. Vor der Bauchflosse besitzt die Sprotte dornige Schuppen (gegen den Strich fühlbar), der Hering nicht. Die Maulspalte reicht nicht bis zum Augenhinterrand. Der kleinere Ostseehering gehört zu einer eigenen Unterart.

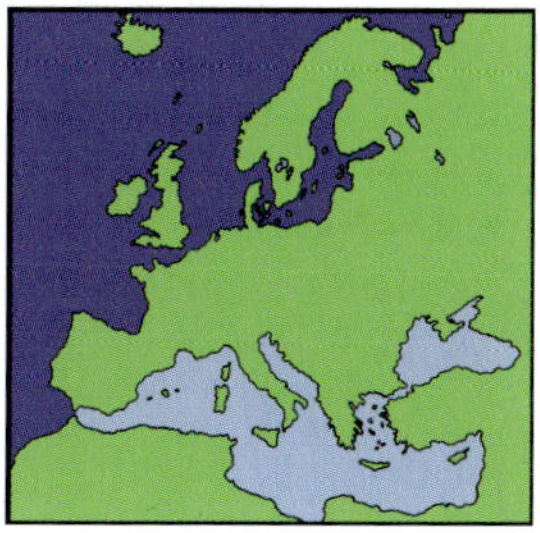

Häufigkeit: selten im Spülsaum, wird häufig gefischt.

Eikapseln vom Nagelrochen: *Raja clavata*

Größe: bis 10 cm.
Verbreitung: Mittelmeer, Atlantik, Nordsee, westliche Ostsee.
Wissenswertes: Nagelrochen leben auf schlammigen Untergründen zwischen 20 und 250 m Wassertiefe. Das Weibchen wird 125 cm, das Männchen nur 75 cm lang. Die Nahrung besteht aus kleinen Fischen, Krebsen, Weichtieren und Stachelhäutern, die sich in Bodennähe oder auf dem Grund aufhalten. Die weiblichen Tiere legen im Frühjahr Eier in hornigen Kapseln mit lang ausgezogenen Ecken, insgesamt zwischen 70 und 150 Stück, und an jedem Tag nur ein einziges. Der Eikapseln selbst sind etwa 4 cm lang und schwarz. Aufgrund ihres bizarren Aussehens nennt man sie auch "Nixentaschen". Die jungen Rochen schlüpfen nach 4 - 5 Monaten Entwicklungszeit. Die aufgerissenen Eikapseln werden dann an den Strand gespült.
Häufigkeit: häufig.

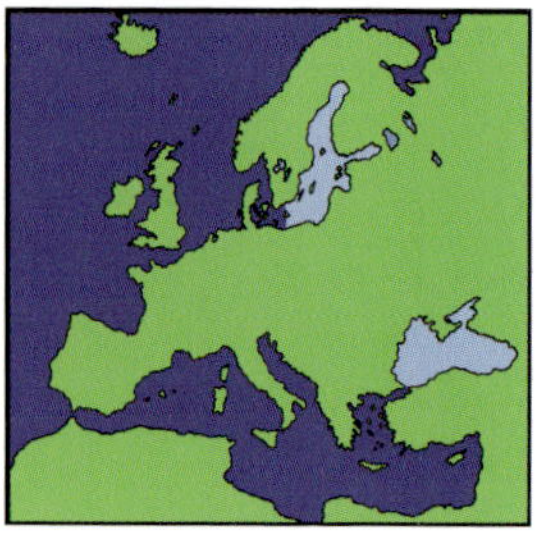

Eikapseln vom Kleingefleckten Katzenhai: *Scyliorhinus caniculus*

Größe: bis 7 cm.
Verbreitung: Mittelmeer, Atlantik, Nordsee.
Wissenswertes: Der kleine Katzenhai wird bis zu 1 m lang. Er lebt in 10 bis 400 m Tiefe und ernährt sich von bodenbewohnenden Tieren wie Krebsen, Weichtieren und Würmern. Das Weibchen laicht im Frühjahr oder Sommer. Bis zu 20 Eikapseln werden mit langen, spiralig aufgerollten Haftfäden an Algen, Steinen oder anderen Hartgründen befestigt. Die Kapseln sind schlank, braun und durchscheinend. Man findet sie gelegentlich im Spülsaum. Die Jungtiere schlüpfen nach 8 - 10 Monaten.

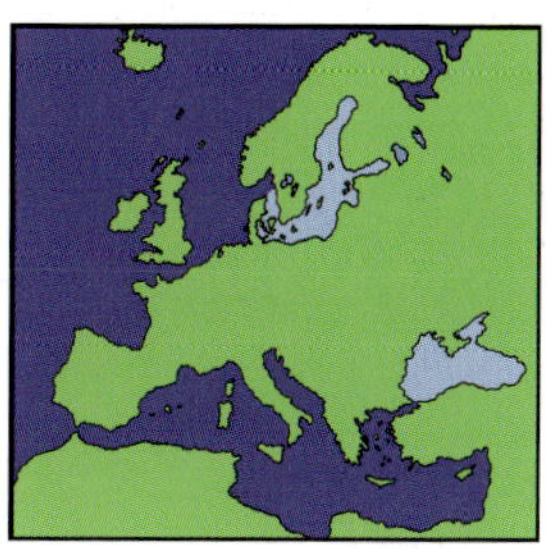

Häufigkeit: selten.

Schweinswal: *Phocoena phocoena*

Größe: bis 185 cm.
Verbreitung: Atlantik, Nordsee, Ostsee.
Wissenswertes: Der Schweinswal ist die einzige Walart, die in der Ostsee heimisch ist. Aber ihr Bestand ist stark gefährdet. Man nimmt an, dass in der westlichen Ostsee noch 1000 Tiere leben, im mittleren bis östlichen Teil nur noch 100. Durch Umweltverschmutzung und Lärm finden jedes Jahr viele Tiere den Tod. Auch als (ungewollter) Beifang in der Fischerei sterben jedes Jahr mehr Tiere, als neue geboren werden. In Gefangenschaft überleben die Tiere kaum 4 Wochen.
Angespülte Kadaver verwesen schnell. Schweinswale gehören zu den Zahnwalen, ihr Kiefer ist jederseits mit 21 - 28 stumpfen Zähnen besetzt.
Häufigkeit: eher selten.

Seehund: *Phoca vitulina*

Größe: bis 170 cm.
Verbreitung: Atlantik, Nordsee, westliche Ostsee.
Wissenswertes: Seehunde kommen auf der gesamten Nordhalbkugel vor, bevorzugen gemäßigte Gewässer mit regelmäßig trocken fallenden Sandbänken, auf denen die Tiere Zuflucht finden können. Seehunde trifft man regelmäßig in Aquarien, meeresbiologischen Zentren, Zoologischen Gärten oder Aufzuchtstationen an. Mit ihrem runden Kopf und den großen Augen entsprechen sie dem Kindchenschema und gelten als ausgesprochen niedlich. Dennoch handelt es sich um Raubtiere, denen man in freier Wildbahn nicht zu nahe kommen sollte. Nur sehr selten wird man in der Natur auf Skelettreste von Seehunden stoßen. Unverkennbar sind die sehr charakteristischen Zähne des Unterkiefers.
Häufigkeit: sehr selten.

Lebensspuren

Einführung: Lebensspuren sind von lebenden Organismen aktiv auf dem Meeresgrund oder in einem anderen Habitat erzeugt worden. Schleif- und Driftmarken zählen per Definition nicht zu den Lebensspuren. Ichnologie ist die Wissenschaft, die sich mit der Erforschung von Lebensspuren beschäftigt. Man unterscheidet Bewegungsspuren (Kriech-, Lauf- und Schwimmspuren), Fressspuren (Fressbaue, Weide- und Nagespuren), Ruhespuren (Liegespuren, Wohnbaue) und Bioreaktion (Todeskampf), wobei es meist zu Überschneidungen kommt. Eine Fressspur geht in eine Ruhespur über oder ein Fressbau ist gleichzeitig Wohnbau. Spuren können auf der Sedimentoberfläche angelegt werden, von der Oberfläche in die Tiefe getrieben werden oder gänzlich im Sediment erzeugt sein. Übrigens sind Baue in das Sediment hineingegraben (beispielsweise der Wattwurm *Arenicola*), Bauten in die Höhe errichtet (als Beispiel der Pümpwurm *Sabellaria*). Oft ist es schwer, auf den Erzeuger einer Spur zu schließen, denn verschiedene Tiere können fast identische Spuren hinterlassen. So sind die Spuren der rezenten Wattschnecke *Hydrobia* und des Schlickkrebses *Corophium* auf der Sedimentoberfläche nicht zu unterscheiden. Zum anderen kann ein Tier verschiedene Spuren erzeugen, z. B. beim Laufen oder Graben.

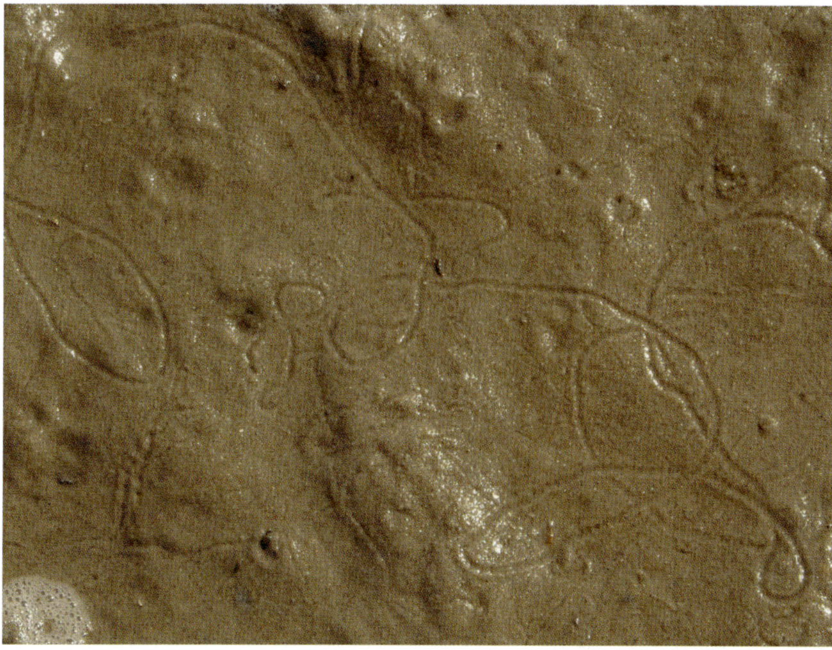

Kriechspuren der Wattschnecke

Größe: bis 3 mm breit.
Verbreitung: Atlantik, Nordsee, Ostsee.
Wissenswertes: Die nicht einmal 1 cm große Wattschnecke (S. 94) besiedelt in großer Individuenzahl den Wattboden. Auf der Suche nach kleinen Kieselalgen legt sie weite Strecken auf dem feuchten Untergrund zurück. Ihre etwa 3 mm breiten Spuren sind verschlungen oder in engen Kurven angelegt, ansonsten aber völlig strukturlos. Der Schlickkrebs (S. 113) kann bei seinen Wanderungen durch das Sediment sehr ähnlich Spuren erzeugen, die in der Regel jedoch nicht ganz so gewunden sind. Ganz sicher kann man auf den Erzeuger der Spur jedoch nur schließen, wenn Schnecke oder Krebs am Ende der Spur noch angetroffen werden.
Häufigkeit: häufig.

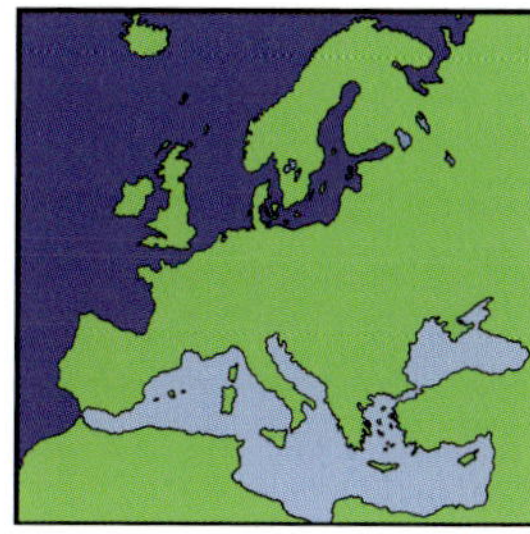

Wohnröhren des Schlickkrebses *Corophium volutator*

Größe: bis 1 cm.
Verbreitung: Mittelmeer, Atlantik, Nordsee, mittlere Ostsee.
Wissenswertes: Der knapp einen Zentimeter lange Schlickkrebs lebt in Wohnröhren, die er bis zu 8 cm tief in den Untergrund gräbt. An der Mündung der Röhre finden sich kleine stern- bis blumenförmige Sandhäufchen. Sie entstehen, wenn der Krebs zur Nahrungsaufnahme seine Röhre nicht verlässt und mit seinen langen Antennen das Sediment durchkämmt. Dabei wird der Sand wulstartig um die Öffnung seines Ganges angehäuft. *Corophium* baut nur im Schlick U-förmige Gänge mit Ein- und Ausstromöffnung, da in sandigem Sediment verbrauchtes Atemwasser durch die Porenräume entweichen kann. Die Gänge können übrigens auch horizontal in ein steil stehendes Substrat gebaut werden.
Häufigkeit: häufig.

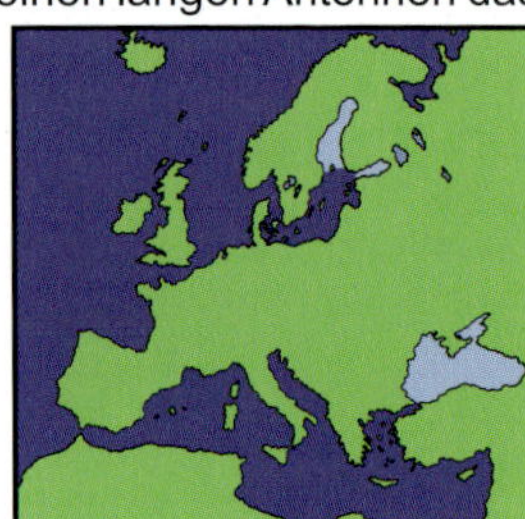

Spuren des Wattwurms *Arenicola marina*

Größe: bis 10 cm.
Verbreitung: Atlantik, Nordsee, westliche Ostsee.
Wissenswertes: Der Wattwurm gräbt bis zu 25 cm tiefe, U-förmige Gänge in das Sediment. Charakteristisch ist ein Knäuel aus ausgeschiedenem Sediment. Zu jedem Haufen gehört eine trichterartige Einsenkung. Der Wurm im Inneren der Röhre frisst das nachsackende Sediment, welches in den Trichter fällt, und verdaut die organischen Bestandteile. Nicht verwertbares Sediment wird als Kothäufchen an der Sedimentoberfläche ausgeschieden. Bei der Kotabgabe wird übrigens rund um den schmalen Hinterleib des Wurmes zugleich frisches Atemwasser in die Röhre eingespült. Die ebenfalls enthaltenen Nahrungspartikel werden nach vorn in den Fressgang transportiert und dort in den Sand gepresst. Der Wurm nimmt dann den mit Nahrungsstoffen angereicherten Sand aus dem Trichter auf.
Häufigkeit: sehr häufig.

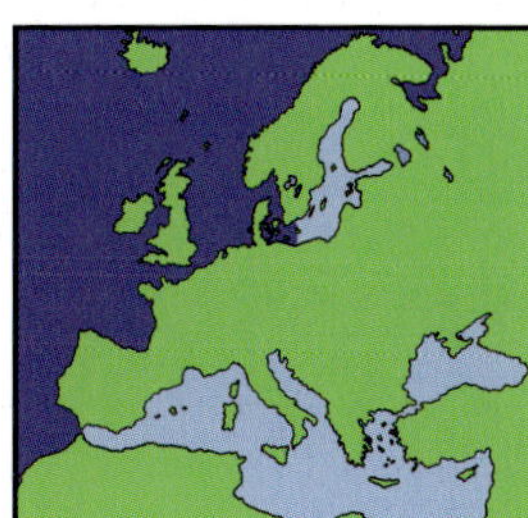

Spuren des Salzkäfers *Bledius* sp.

Größe: bis 5 mm breite Gänge.
Verbreitung: Atlantik, Nordsee, westliche Ostsee.
Wissenswertes: Der Salzkäfer lebt auf Sandbänken und vorgelagerten Sandstränden, in einem Lebensraum, der ständig von Wasser überspült werden kann. Er legt im Untergrund bis zu 12 cm tiefe Gänge an, die er mit seinen zu Grabbeinen umgestalteten Vorderextremitäten aushebt. Das ausgeworfene Sediment wird vor der Mündung der Röhre deponiert. Wo immer diese charakteristischen „Grabhügel" zu finden sind, lebt verborgen im Untergrund der Salzkäfer. Überflutungen seines Habitates übersteht er in seiner luftgefüllten und mit einem Sandpfropfen verschlossenen Röhre unbeschadet. *Bledius* ernährt sich ausschließlich von kleinen Algen, die er von der Sedimentoberfläche abweidet.
Häufigkeit: nicht häufig.

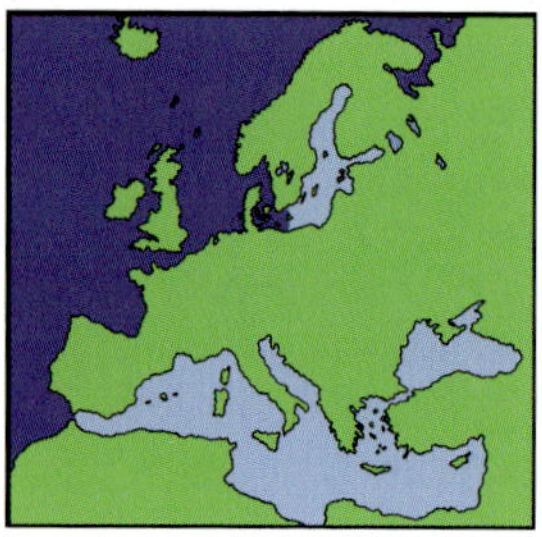

Algenrasen mit Gasbläschen

Größe: Kieselalgen bis 0,5 mm.
Verbreitung: weltweit.
Wissenswertes: Auf der Oberfläche des Wattbodens findet man überall einen olivgrünen bis bräunlichen, schleimigen Teppich aus mikroskopisch kleinen Kieselalgen (Diatomeen). Die Algen selbst haben einen Durchmesser von einem hundertstel bis zu einem halben Millimeter. Millionenfach besiedeln sie einen Quadratzentimeter Wattboden. Besonders bei strahlendem Sonnenschein betreiben sie Fotosynthese. Dabei setzen sie Sauerstoff frei, der sich in kleinen Bläschen sammelt. Wenn das Wasser in der Sonne verdunstet, platzen die Bläschen und zurück bleiben ihre Abdrücke im Schlick. Übrigens, Kieselalgen können sich bewegen, schaffen bis zu 10 cm in der Stunde! Kieselalgen bilden die Nahrungsgrundlage für viele Organismen im Watt.
Häufigkeit: sehr häufig.

Laufspuren von Vögeln

Größe: bis > 10 cm.
Verbreitung: weltweit.
Wissenswertes: Die Nord- und Ostseeküste wird von einer Vielzahl an Vogelarten besiedelt. Auf ihrer Suche nach Nahrung hinterlassen sie auf dem feuchten Sand oder Schlick typische Fußspuren. So artenreich wie die Vogelwelt, so vielgestaltig sind auch ihre Spuren. In der Regel besitzen Vögel eine rückwärts und drei nach vorn gerichtete Zehen. Bei den Möwen ist die hintere Zehe so klein, dass sie keinen Abdruck hinterlässt. Möwen, Enten, Gänse und viele andere Schwimmvögel besitzen Schwimmhäute zwischen den Zehen, die sich auch im feuchten Sand abdrücken.
Häufigkeit: häufig.

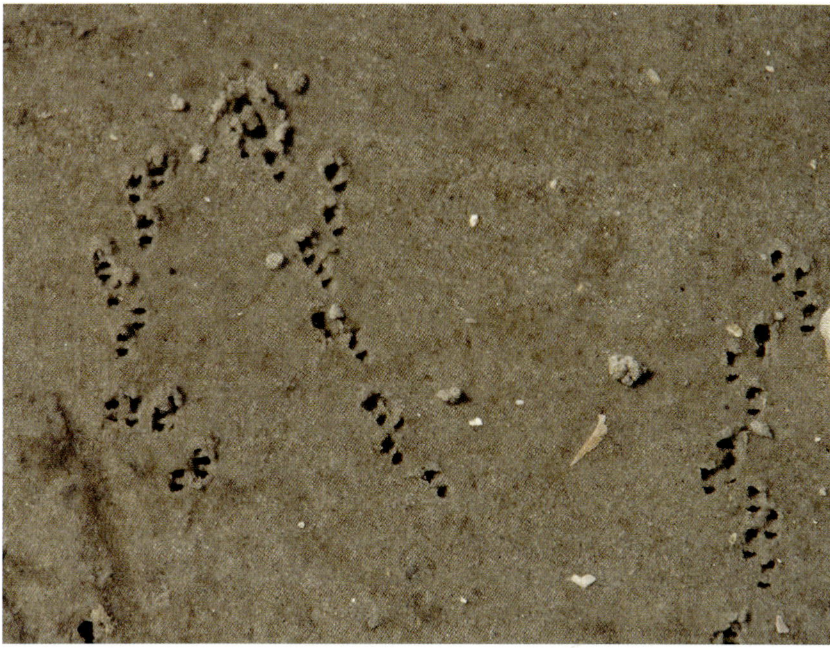

Pickspuren von Vögeln

Größe: wenige Millimeter im Durchmesser.
Verbreitung: weltweit.
Wissenswertes: Viele Vögel sind auf bestimmte Beuteorgansimen spezialisiert. Besonders die Arten der Watvögel (Limicolae) suchen im Wattboden nach Muscheln, Schnecken, Würmern oder Krebsen. Mit dem lang ausgezogenen Schnabel stochern sie im Untergrund nach Nahrhaftem, wobei die Form und die Länge des Schnabels auf die jeweiligen Beutetiere abgestimmt ist. Während Knutt und Rotschenkel die flach im Sediment lebenden Herz- und Plattmuscheln oder Schlickkrebse aufspüren, stehen für den Großen Brachvogel auch die tief lebenden Würmer auf dem Speisezettel. Mit einem kurzen, dicken Schnabel kann eine Muschelschale zertrümmert werden. Der Austernfischer hingegen kann mit seinem spitzen Schnabel gezielt die Schließmuskeln einer leicht geöffneten Muschel durchtrennen.

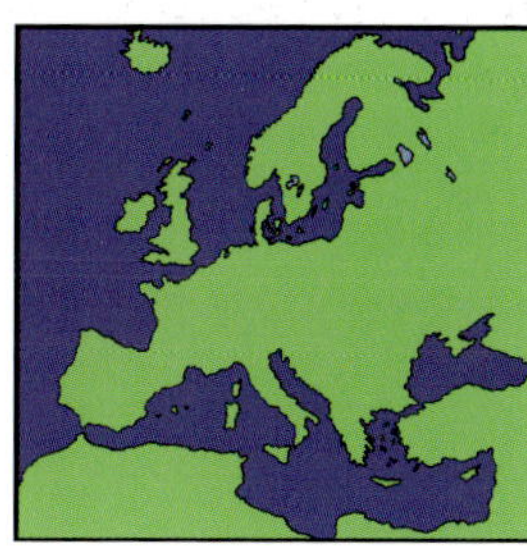

Häufigkeit: regelmäßig zu finden.

Speiballen von Möwen

Größe: < 10 cm.
Verbreitung: weltweit.
Wissenswertes: Viele Wasservögel fressen für ihr Leben gern Krebse, aber auch Muscheln, Schnecken und andere Kleinlebewesen. Die harten Schalen lassen sich nicht verdauen und sammeln sich im Magen an. Deshalb würgen Möwen die Reste hoch und speien sie aus. Solche Gewölle kennt man besonders von Eulen und Greifvögeln. Im Wattenmeer produzieren neben den Möwen auch Watvögel, Reiher, Kormorane und Entenvögel Speiballen.
Untersucht man die unverdauten Nahrungsreste, kann man viel über das Freßverhalten der Vögel erfahren. In der Regel findet man darin Krebspanzer, Muschelschalen, Schneckengehäuse, Kieferzangen von Seeringelwürmern, Eierschalen, Knochen von Vogelküken, Kalkplatten von Seesternen und vieles mehr.
Häufigkeit: häufig.

Laufspuren von *Homo sapiens*

Größe: bis 30 cm.
Verbreitung: weltweit.
Wissenswertes: Der *Homo sapiens* ist kein eigentlicher Wattbewohner, ist aber besonders in der wärmeren Jahreszeit häufig und in großen Scharen in diesem Lebensraum anzutreffen. Auf seiner Suche nach Erholung oder Erfrischung hinterlässt er charakteristische Abdrücke im feuchten Sand. Häufig finden man Spuren von Eltern mit zwei oder drei Jungen. Kleinere Spuren sind meist verschlungen und kurvenreich, während größere Spuren in der Regel schnurgerade verlaufen.
Häufigkeit: sehr häufig.

Bohrlöcher der Raubschnecke *Natica*

Größe: bis 3 mm.
Verbreitung: Atlantik, Nordsee, westliche Ostsee.
Wissenswertes: Manchmal findet man Muschelschalen, seltener auch Schneckengehäuse, die ein kreisrundes Loch besitzen. Dies ist ein sicheres Kennzeichen, dass die Tiere eines gewaltsamen Todes gestorben sind. Verursacher sind Raubschnecken (*Lunatia, Natica, Polinices;* S. 100f), die mit Ihrer Raspelzunge (Radula) in stundenlanger Arbeit die Kalkschale ihrer Opfer durchbohren. Häufig finden diese Angriffe an einer charakteristischen Stelle der Schale statt, diese kann aber innerhalb verschiedener Beutetiere variieren.
Häufigkeit: häufig.

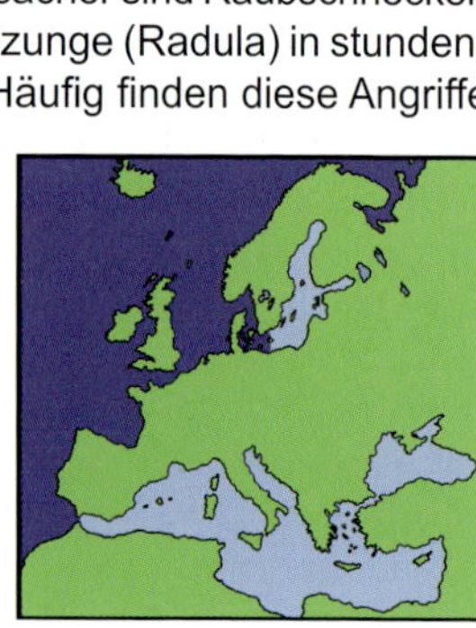

Bohrlöcher der Bohrmuschel

Größe: bis > 2 cm.
Verbreitung: Mittelmeer, Atlantik, Nordsee, westliche Ostsee.
Wissenswertes: Es gibt in der Nordsee und westlichen Ostsee mehrere Arten von Bohrmuscheln (S. 65ff), die in Torf, Ton, Klei, Lehm, Mergel, Kreide und weichen Kalksteinen mit Hilfe ihrer Schalen tiefe Löcher bohren. Diese Löcher entsprechen in Durchmesser und Länge den Schalen der jeweiligen Art. Manchmal findet man Muschelschalen noch in ihrer natürlichen Lage im Fundstück stecken. Da die Muschel ständig wächst und sich dabei immer weiter in den Untergrund gräbt, bleibt sie in ihrem Bohrloch gefangen. Bei aufgebrochenen Gängen sieht man die basale Erweiterung und manchmal auch die Raspelspuren an der Wandung.
Besonders in Nordjütland und am Limfjord findet man aus ihrem natürlichen Verband herausgerissene und abgerollte Hartgründe mit den typischen Bohrspuren.
Häufigkeit: nur stellenweise häufig.

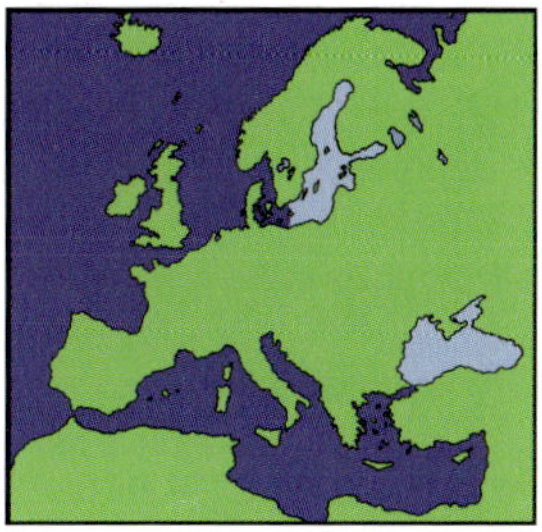

Seeigel

Alter: 60 - 70 Millionen Jahre (obere Kreide - unteres Tertiär).
Herkunft: Dänemark, Schonen.
Wissenswertes: Fossile Seeigel am Strand liegen fast immer in Feuersteinerhaltung vor. Die eigentliche Kalkschale ist aufgelöst, übrig blieb der Ausguss des Gehäuses. Charakteristisch ist die fünfstrahlige Symmetrie, die jeder Stachelhäuter besitzt. Fünf doppelte Punktreihen kennzeichnen die ehemaligen Austrittsöffnungen der Ambulakralfüßchen.
Am Strand sind zwei Arten besonders häufig: der längsovale *Echinocorys*, dessen Mund- und Afteröffnung auf der Unterseite beide nahe dem Außenrand liegen, und *Galerites* (s. Foto) mit eher rundem Umriss und mittig gelegenem Mund auf der Unterseite.
Häufigkeit: regelmäßig zu finden.

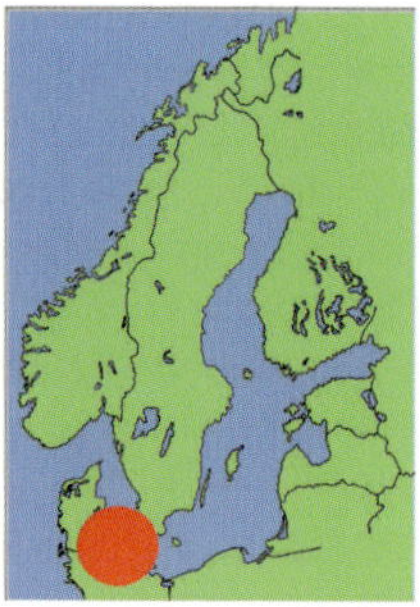

Donnerkeile

Alter: 70 Millionen Jahre (obere Kreide).
Herkunft: Dänemark, Schonen.
Wissenswertes: Von Gott Thor mit seinem Hammer durch die Wolken geschlagen dringen die Donnerkeile 7 Klafter tief in die Erde ein, wachsen pro Jahr ein Klafter nach oben und können nach 7 Jahren an der Oberfläche abgesammelt werden - so die Sage. Donnerkeile helfen gegen Blitzschlag und gegen allerlei Krankheiten. In Wirklichkeit handelt es sich bei den Donnerkeilen oder Belemniten, wie sie in der Fachsprache heißen, um die Spitzen des Gehäuses fossiler Tintenfische, Verwandte der heute noch in der Nordsee lebenden Sepia (S. 105). Donnerkeile sind bernsteinfarben, radialstrahlig aufgebaut, mit einem zentralen Kanal. Sie finden sich häufig im groben Kies an jeder Steinküste.
Häufigkeit: häufig.

Treibholz

Größe: bis > 100 cm.
Verbreitung: weltweit.
Wissenswertes: Treibholz ist an jeder Küste zu finden. Riesige Balken, Holz-Paletten, Bretter, Äste und vieles mehr findet sich besonders nach einem Sturm im Angespül. Während es früher häufig als Brennholz oder Baumaterial genutzt wurde, findet es heute eher im Kunsthandwerk Verwendung.
Treibholz ist Lebensraum für viele marine Organismen, so siedeln u. a. Algen, Seepocken, „Entenmuscheln“ und festsitzende Ringelwürmer darauf. Tiere und Pflanzen werden so über weite Strecken verdriftet, was zur Ausbreitung der Art dient. Häufig sind Treibhölzer von Bohrmuscheln befallen.
Häufigkeit: häufig.

Seebälle

Größe: bis > 7 cm.
Verbreitung: weltweit.
Wissenswertes: Seebälle sind verfilzte Kugeln, die durch Wellen geformt sind. Sie bestehen aus dem Wurzelgeflecht und zerfaserten Blättern von Seegras (*Zostera*) und Neptungras (*Posidonia*), selten auch aus anderen Pflanzenfasern, die in Bodenvertiefungen zusammengeschwemmt werden. Durch den Wellengang bilden sich runde bis leicht ovale Bälle. Das Vorkommen solcher Kugeln deutet auf ausgedehnte Seegraswiesen hin. Seebälle sind weltweit verbreitet. Ihre Größe liegt normalerweise zwischen einem Tischtennisball und einem Tennisball. In seltenen Ausnahmefällen können Seebälle mehrere Dezimeter im Durchmesser erreichen.
Häufigkeit: nicht häufig.

Bernstein

Alter: 40 Millionen Jahre (Tertiär).
Herkunft: Ostseeraum.
Wissenswertes: Bernstein ist das fossile Harz der Bernsteinkiefer und anderer Bäume, die vor 40 Millionen Jahren in Schweden, Finnland und im Baltikum beheimatet waren. Im Harz eingeschlossen kann man Insekten, Spinnen und andere Tiere finden, bis in die feinsten Härchen erhalten.
Jeder hat wohl an der Ostsee- oder Nordseeküste schon nach Bernstein gesucht. Besonders nach Stürmen sind die Aussichten nicht schlecht. Dort, wo Seetang und kleine Holzstückchen liegen, ist auch Bernstein zu erwarten. Er ist leichter als gelber Feuerstein, brennt, riecht aromatisch, wenn man ihn über Schleifpapier zieht oder mit einer heißen Nadel berührt und er schwimmt auf konzentriertem Salzwasser. Übrigens: Jungfrauen haben der Sage nach die größten Chancen auf gute Funde. Der friesische Seetroll Ekke Nekkepen wirft ihnen den Bernstein in Bewunderung ihrer Schönheit vor die Füße.
Häufigkeit: selten.

Klöönkassen

Größe: bis 15 cm.
Verbreitung: weltweit, u. a. Nordsee und Ostsee.
Wissenswertes: Man kennt weltweit einige hundert Arten aus mehreren Gattungen der Klöönkassen, abgebildet ist ein *Nokia* sp., ein Totfund aus der Ostsee. Die modernen Handys können aufgrund der tiefen Wassertemperaturen in unseren Breiten nicht lange überleben.
Es gibt übrigens Deutsche Meisterschaften im Handywerfen (2004 in Kamenz), auch Europameisterschaften werden ausgetragen. Zudem soll Handy-Weitwurf nach Willen der "Mobile Phone Throwing Association" (MPTA) olympische Disziplin werden. Ob das abgebildete Fundstück jedoch als Sportgerät benutzt und bei einem Übungswurf weit über das Ziel hinausgeschossen ist, bleibt fraglich. Es könnte auch ein Opfer der Mobile-Phone-Phobie geworden sein und ist von seinem ratlosen Besitzer wutentbrannt versenkt worden.
Häufigkeit: eher selten.

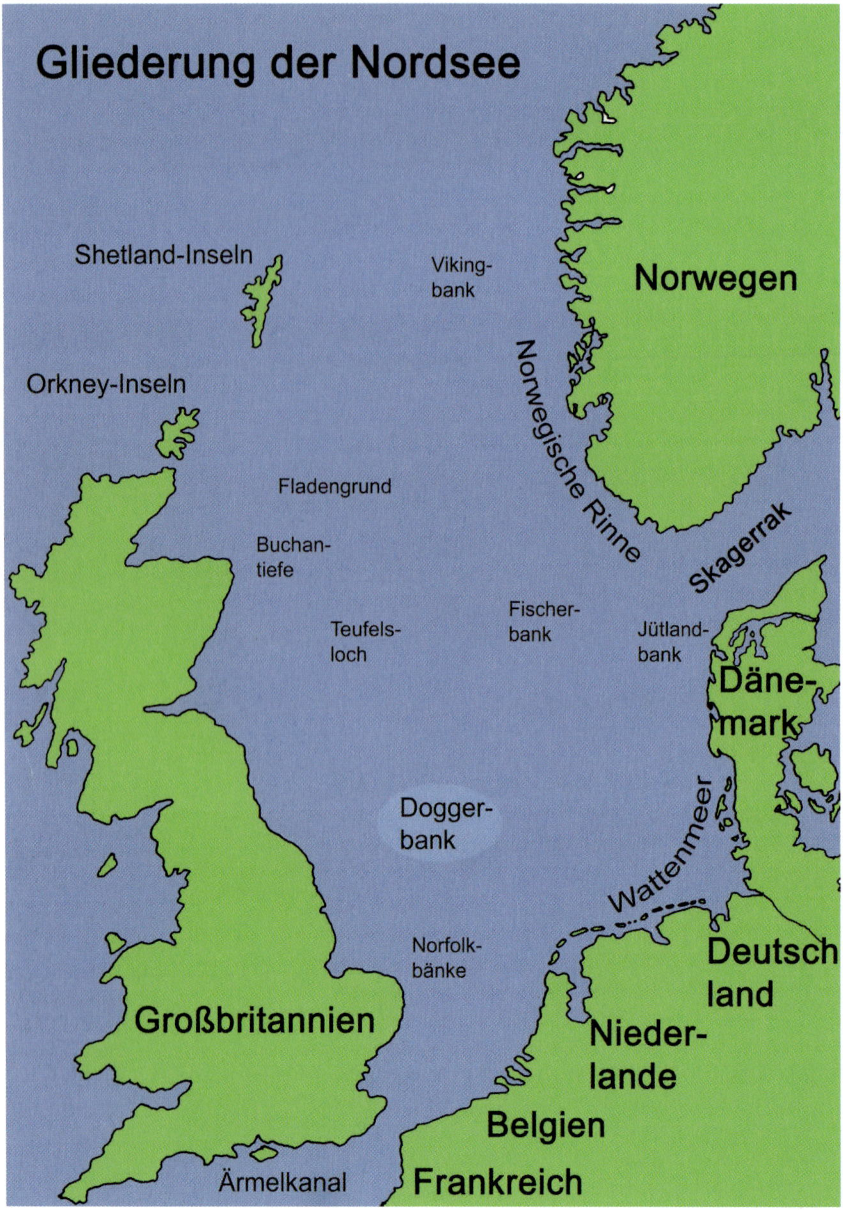
Gliederung der Nordsee
Shetland-Inseln
Viking-
bank
Norwegen
Norwegische Rinne
Orkney-Inseln
Fladengrund
Buchan-
tiefe
Skagerrak
Fischer-
bank
Teufels-
loch
Jütland-
bank
Däne-
mark
Dogger-
bank
Wattenmeer
Norfolk-
bänke
Deutsch
land
Großbritannien
Nieder-
lande
Belgien
Ärmelkanal
Frankreich

Gliederung der Ostsee
Botten-
wiek
Finnland
Bottensee
Norwegen
Schären-
meer
Åland-
see
Finnischer Meerbu-
sen
Schweden
Estland
Westliche
Gotlandsee
Östliche Gotlandsee
Kattegatt
Rigaischer
Meerbusen
Lettland
Born-
holm-
see
Arkona-
see
Litauen
Belts-
see
Polen
Norddeutsch-
land

Anhang · Literatur

ADEMA, J.P.H.M. (1991): De Krabben van Nederland en Belgie (Crustacea, Decapoda, Brachyura). - 244 S., 79 Abb., 34 Kt.; Leiden (Backhuys).

ARNDT, E.A. [HRSG.] (1969): Zwischen Düne und Meeresgrund. Tiere und Pflanzen des Ostseeraumes. - 376 S., 80 Taf.; Leipzig, Jena, Berlin (Urania-Verlag).

BUCHNER, O. (1913): Einführung in die europäische Meeresmollusken-Fauna an Hand ihrer Hauptrepräsentanten. - Schriften des Deutschen Lehrer-Vereins für Naturkunde, 29: 166 S., 125 Abb., 26 Taf.; Stuttgart (K.G. Lutz' Verlag).

BRUYNE, R.H. DE (1991): Schelpen van de Nederlandse Kust. - 165 S., 154 Abb., Utrecht (Stichting Uitgeverij KNNV).

CAMPBELL, A.C. (1977): Der Kosmos-Strandführer. Pflanzen und Tiere der europäischen Küsten in Farbe. - 318 S., 848 farb. Abb., 109 Zeichn.; Stuttgart (Kosmos - Franckh).

DEHAAS, W. & KNORR, F. (1990): Was lebt im Meer an Europas Küsten? - 390 S., 819 Abb.; Rüschlikon-Zürich, Stutgart, Wien (Albert Müller Verlag).

DREYER, E.-M. & WARTENAU, A. (2004): Tiere an Strand und Küste. - 63 S., zahlr. Abb.; Stuttgart (Franckh - Kosmos Verlags-GmbH).

GESSNER, F. (1957): Meer und Strand. - 426 S., 211 Abb., 10 farbige Taf.; Berlin (VEB Deutscher Verlag der Wissenschaften).

EMSCHERMANN, P., HOFFRICHTER, O., KÖRNER, H. & ZISSLER, D. [HRSG.] (1992): Meeresbiologische Exkursion. Beobachtung und Experiment. - 257 S., 101 Abb., 9 Tab.; Stuttgart, Jena, New York (Gustav Fischer Verlag).

FECHTER, R. & FALKNER, G. (1989): Die farbigen Naturführer: Weichtiere. - 286 S., zahlr. Abb.; München (Mosaik-Verlag).

JAGNOW, B. & GOSSELCK, F. (1987): Bestimmungsschlüssel für die Gehäuseschnecken und Muscheln der Ostsee. - Mitt. Zool. Mus. Berlin, 63: 191-268., 217 Abb., 15 Taf; Berlin.

JANKE, K. & KREMER, B.P. (2003): Das Watt. Alle wichtigen Tiere und Pflanzen in ihren Lebensräumen. 2. Auflage. - 127 S., 141 Fotos, 14 Abb.; Stuttgart (Franckh'sche Verlagshandlung).

JANKE, K. & KREMER, B.P. (1988): Düne, Strand und Wattenmeer. Tiere und Pflanzen unserer Küsten. - 319 S., 436 Fotos, 42 Abb.; Stuttgart (Franckh'sche Verlagshandlung).

KØIE, M., KRISTIANSEN, A. & WEITEMEYER, S. (2001): Der große Kosmos-Strandführer. Tiere und Pflanzen in Nord- und Ostsee. - 350 S., 900 Abb.; Stuttgart (Franckh - Kosmos Verlags-GmbH).

KOSCH, A., FRIELING, H. & JANUS, H. (1963): Was find ich am Strande? - 124 S., 268 Abb., 6 farbige Taf.; Stuttgart (Kosmos-Franckh).

KREMER, B.P., GOSSELCK, F. & JANKE, K. (2005): Der große Kosmos-Naturführer. Strand und Küste. Nord- und Ostsee. - 154 S., 217 farbige Fotos, 11 Dioramen, 10 Abb., 10 Kt.; Stuttgart (Franckh - Kosmos Verlags-GmbH).

KUCKUCK, P. (1922): Der Strandwanderer. Die wichtigsten Strandpflanzen, Meeresalgen und Seetiere der Nord- und Ostsee. - 95 S., 32 Taf.; München (J.F. Lehmanns Verlag).

KUTSCHER, M. (1995): Flora & Fauna an der Ostseeküste von Mecklenburg-Vorpommern. - 215 S., 365 farbige Fotos.; Schwerien (Demmler-Verlag).

LINDNER, G. (2000): Muscheln und Schnecken an europäischen Urlaubsstränden. Finden, erkennen, sammeln. - 95 S., 165 Fotos, 44 Abb.; München (BLV).

LUTHER, G. (1987): Seepocken der deutschen Küstengewässer. - 43 S., 54 Abb.; Hamburg (Biologische Anstalt Helgoland).

NORDSIECK, F. (1968): Die europäischen Meeresschnecken (Prosobranchia). Vom Eismeer bis Kapverden, Mittelmeer und Schwarzes Meer. - 273 S., 1200 Abb., 2 farbige Taf.; Stuttgart (Gustav Fischer Verlag).

NORDSIECK, F. (1969): Die europäischen Meeresmuscheln (Bivalvia). Vom Eismeer bis Kapverden, Mittelmeer und Schwarzes Meer. - 256 S., 1100 Abb., 4 farbige Taf.; Stuttgart (Gustav Fischer Verlag).

NORDSIECK, F. (1972): Die europäischen Meeresschnecken (Opisthobranchia mit Pyramidellidae; Rissoacea). Vom Eismeer bis Kapverden, Mittelmeer und Schwarzes Meer. - 327 S., 900 Abb., 2 Taf.; Stuttgart (Gustav Fischer Verlag).

POPPE, G.T. & GOTO, Y. (1991): European Seashells. Vol. 1. Polyplacophora, Caudofoveata, Solenogastra, Gastropoda. - 352 S., 29 Abb., 40 Taf.; Wiesbaden (Christa Hemmen).

POPPE, G.T. & GOTO, Y. (1993): European Seashells. Vol. 2. Scaphopoda, Bivalvia, Cephalopoda. - 221 S., 62 Abb., 32 Taf.; Wiesbaden (Christa Hemmen).

RIEDL, R. (1983): Fauna und Flora des Mittelmeeres. - 836 S., 3512 Abb., 98 Kt.; Hamburg, Berlin (Parey).

QUEDENS, G. (2005): Natur erleben an Nordsee und Ostsee. - 127 S., zahlr. Abb.; München (BLV).

QUEDENS, G. (2003): Strand und Wattenmeer. Tiere und Pflanzen an Nord- und Ostsee - ein Biotopführer. - 127 S., 130 Fotos, 95 Abb.; München (BLV).

RHEINHEIMER, G. & NEHRING, D. (1996): Meereskunde der Ostsee. 2. Auflage. - 338 S., 119 Abb.; Berlin, Heidelberg, New York (Springer Verlag).

SCHORIES, D. & WILHELMSEN, U. (2006): Die Ostsee. Tiere und Pflanzen. - 126 S., 216 Abb.; Stuttgart (Franckh'sche Verlagshandlung).

STREBLE, H. (2003): Was finde ich am Strande. Pflanzen und Tiere der Strände, Deiche, Küstengewässer. - 127 S., 204 Fotos, 33 Abb.; Stuttgart (Franckh'sche Verlagshandlung).

WILHELMSEN, U. (2006): Das Strandbuch. Handbuch für Küstenentdecker. - 112 S., zahlr. Abb.; Heide (Boyens).

WILLMANN, R. (1989): Muscheln & Schnecken der Nord- und Ostsee. - 310 S., zahlr. Abb.; Melsungen (Neumann-Neudamm).

ZIEGELMEIER, E. (1957): Die Muscheln (Bivalvia) der deutschen Meeresgebiete und brackigen Küstengewässer. Veränderter Nachdruck 1974. - 64 S., 16 Taf.; Hamburg (Biologische Anstalt Helgoland).

ZIEGELMEIER, E. (1966): Die Schnecken (Gastropoda Prosobranchia) der deutschen Meeresgebiete und brackigen Küstengewässer. Veränderter Nachdruck 1973. - 66 S., 20 Taf.; Hamburg (Biologische Anstalt Helgoland).

Anhang

Glossar

Apophyse	bei Bohrmuscheln: Ansatzstelle des Fußmuskels
Basalplatte	Bei den Seepocken die Platte, mit denen das Tier am Untergrund festgeheftet ist.
Byssus	Fädiges Sekret der Byssusdrüse vieler Muschel-Arten, das im Wasser schnell erhärtet und die Muschel am Untergrund verankert.
Detritus	organische oder anorganische Sinkstoffe im Meerwasser.
dichotom	eine Hauptachse gabelt sich in zwei gleiche Zweige.
Epizoen	Tiere, die auf harten Pflanzenteilen oder auf Panzern, Schalen oder Gehäusen anderer Tiere siedeln (Hartgrund-Bewohner).
hemisessil	Tiere, die vom Grunde her befähigt sind, ihren Wohnort zu wechseln, dieses aber nur selten oder unter extremen Bedingungen tun (Bsp: eingegraben lebende Muscheln).
Mantelbucht	Auf der Schaleninnenseite von Muscheln verläuft die Mantellinie. Dort, wo sie deutlich nach innen eingebuchtet ist (Mantelbucht), liegen die Siphonen, mit der die Muschel Wasser ein- und ausstrudeln kann. Die Länge der Siphonen bedingt die Größe der Mantelbucht. Sie ist ein wichtiges Bestimmungsmerkmal.
Meduse	Quallengeneration der Scyphozoa (Nesseltiere), freischwimmend.
Periostrakum	brauner, horniger Überzug bei Muschelschalen und Schneckengehäusen, besteht aus einer chitinartigen Substanz.
Polyp	Polypengeneration der Scyphozoa (Nesseltiere), festsitzend. Schlauchartiger Körper mit Haftscheibe und Tentakelkranz.
Rezeptakel	verdickte Sprossspitzen der Algen, sie enthalten die männlichen und weiblichen Fortpflanzungszellen.
sessil	am Untergrund angeheftet, festsitzend (Bsp: Seepocken).
Sipho	ausstülpbare, röhrenförmige Mantelfortsätze bei Muscheln und Schnecken. Sie strudeln meist Wasser ein und aus und dienen der Atmung und Ernährung, aber auch zur Abführung von Stoffwechselendprodukten.
Tentakel	Fangarme verschiedener wirbelloser Tiere, zum Teil mit Nesselkapseln oder Saugnäpfen bewehrt.
Thallus	Vegetationskörper niederer Pflanzen, ohne „echte“ Organsysteme wie Wurzel, Spross oder Blatt.
vagil	frei beweglich.
Zooide	bei Bryozoen: die einzelnen Individuen, aus denen eine Kolonie aufgebaut ist.

Index

Anhang

Danksagung

Mein besonderer Dank gebührt Prof. Dr. Wolfram NOODT (†), der mich zu Studienzeiten in die marine Ökologie und Systematik einführte, wissenschaftliches Interesse entfachte und förderte. Für die kritische Durchsicht des Manuskriptes und zahlreiche fachliche Hinweise möchte ich Dr. Wolfgang DREYER, Zoologisches Museum der Universität Kiel, ganz herzlich danken. Das Foto der Kompass-Qualle stellte Herr Dr. Mortimer GRIEPENTROG, Hamburg, zur Verfügung. Die Fotos des Irisierenden Seeringelwurmes und der Schlangensterne stammen von Uwe BYSZIO, Quickborn.

Der Autor

Diplom-Biologe Dr. Frank RUDOLPH, Jahrgang 1963, studierte Zoologie und Paläontologie an der Universität Kiel. Seine Diplomarbeit wurde 1993 mit dem Wissenschaftspreis des Landes Schleswig-Holstein ausgezeichnet. Seit 1992 ist er als wissenschaftlicher Fachbuchhändler tätig. Er ist Herausgeber der geowissenschaftlichen Zeitschriften „Geschiebesammler“ und „Erratica. Monographien zur Geschiebekunde“. 1999 innitiierte er den Aufbau des Schleswig-Holsteinischen Eiszeitmuseums. Er ist Vorstandsmitglied der „Gesellschaft für Geschiebekunde“ und der „Geologisch-Paläontologischen Arbeitsgemeinschaft Kiel“. Bislang sind mehr als 50 Publikationen von ihm erschienen, darunter aus derselben Buch-Reihe des Wachholtz-Verlages der Titel „Strandsteine“. Kontaktaufnahme ist möglich über www.strandfunde.de.